AF329768

ICONOGRAPHIE

DES

PERROQUETS

PLANCHE I.

Perroquets des forêts vierges de l'Amérique tropicale.

L'Amérique est le berceau des perroquets. Sur 400 espèces environ que nous en connaissons aujourd'hui, elle en nourrit à peu près 180, et aucune contrée n'en peut offrir un pareil nombre. La région la plus chaude, du Mexique au sud du Brésil, est spécialement la patrie des Aras, des nombreuses variétés de l'Amazone et des Conures. Ces oiseaux magnifiques caractérisent les forêts vierges de l'Amérique tropicale et en sont le plus grand ornement. Favoris des Indiens, ils animent comme animaux domestiques, les modestes huttes de ces hommes primitifs, comme ils sont devenus chez nous aussi les hôtes de la maison: les Conures comme ornement de nos volières, l'Amazone babillarde, dans la chambre de la famille, et l'Ara superbe dans l'antichambre du château. Dès la découverte de l'Amérique, on en importa quelques paires en Europe; aujourd'hui notre marché en offre une soixantaine de variétés. Notre planche figure des représentants des deux premiers groupes nommés plus haut.

Fig. 1. Ara militaire (ara vert).
(Sittace militaris Lin.)

En allemand: *Soldaten-Irara, Grosser Grüner Arara* (grand Ara vert). — En anglais: *Military Macaw, Green Macaw*.

Il est vert avec le front rouge; les plumes inférieures du dos, les couvertures inférieures et supérieures de la queue, les ailes et les rectrices à leur extrémité, bleu ciel; la naissance des plumes de la queue brun cuivré; le dessous des ailes et des rectrices jaune éclatant.

Le dos et les épaules sont lavés de brun olive; les joues nues sont couleur de chair pâle, avec une mince bordure de plumes brunes; les pieds noirâtres; l'œil chez l'adulte est gris jaunâtre. Le mâle et la femelle sont de même couleur.

L'Ara militaire habite le Mexique et le nord-ouest de l'Amérique méridionale, la Nouvelle-Grenade, le Pérou, la Bolivie, les plaines brûlantes du bassin supérieur de l'Amazone, et les sommets des Andes, jusqu'à l'altitude où l'arbre cesse de croître. Comme les autres perroquets, il vit par paires au temps des couvées, et ces couples se joignant les uns aux autres, voltigeant par compagnies. Les voyageurs ne tarissent pas sur la beauté du spectacle qu'ils offrent quand on les voit ainsi passer en haut des airs, d'un vol vigoureux et soutenu, pour aller s'abattre au bout de l'horizon sur les plus hauts arbres de la forêt où ils s'enfoncent.

(On trouvera des détails sur les mœurs, l'entretien, les soins à donner à l'Ara dans les *Oiseaux en captivité*, de Brehm (Brehm's Gefangene Vogel) vol. 1er, page 243).

Fig. 2. Perroquet Tavoua.
(Chrysotis festiva Lin.)

En allemand: *Blaubart* (barbe-bleue). — En anglais: *Festive Amazon*.

Vert, bord du front et tempes rouges. Tache bleue sous le bec et sourcil de même couleur. Croupion et couvertures inférieures rouge écarlate.

Rémiges primaires noires, avec les barbes extérieures bleu foncé à la base. Les rémiges secondaires ont les barbes extérieures vertes et les barbes intérieures noires avec l'extrémité bleue. Les couvertures moyennes et petites sont bleues, le bec jaune brun et même brun gris, les pieds couleur corne, l'œil jaune d'or. Chez les jeunes oiseaux, le croupion et les couvertures inférieures ne sont pas rouges, mais vertes. Les plumes de la queue qui sont vertes chez l'adulte, ont, chez le jeune, les barbes intérieures rouges à la base avec une bordure jaune. Les couvertures des ailes ont une bordure jaunâtre.

Le perroquet Tavoua habite le nord de l'Amérique méridionale, la Guyane, la Bolivie, le Pérou et le nord du Brésil. Les Brésiliens l'apprivoisent beaucoup et le regardent comme le perroquet qui s'instruit le mieux.

Fig. 3. Amazone à front rouge.
(Chrysotis Bodini Finsch).

En allemand: *Rotstirn-Amazone* (amazone à front rouge).

Vert, les plumes de la nuque ont une mince bordure foncée. Le devant de la tête, l'extrémité du dos et le croupion rouges. Une ligne noirâtre s'étend des narines à l'œil.

Les deux rectrices les plus extérieures ont les barbes rouges à la base. Les couvertures petites et grandes sont vertes. Les pieds et le bec noirâtres. L'œil vermillon.

On ne connaît jusqu'ici qu'un individu de cette espèce. Il a été importé vivant en 1873 au jardin zoologique de Berlin et a reçu le nom d'Amazone de Bodinus en l'honneur du directeur de cet établissement. On ne sait pas encore quelle est sa patrie. Cette espèce est donc digne d'être signalée à l'attention des ornithologistes. Il se distingue du Tavoua notamment par la couleur rouge du front plus vive et plus étendue, et par la teinte noire du bec moins foncée.

Fig. 4. Perroquet à tête jaune.
(Chrysotis Levaillanti Gray).

En allemand: *Grosser Gelbkopf, Levaillant's Amazone* ou *Doppelter Gelbkopf* (chez les marchands). — En anglais: *Levaillant's Amazon, Double-fronted Amazon*.

Vert, sans bordure foncée aux plumes. Toute la tête est

jaune, la face plus pâle. Calotte jaune. Les petites couvertures rouges et les moyennes jaunes.

Les rémiges primaires (ou plumes des doigts) ont les barbes
extérieures vertes à la base, et ensuite indigo, les barbes
internes noires. Les 3 ou 4 premières rémiges secondaires
(ou plumes de la main) ont les barbes externes écarlates à la
base, puis vertes bleues indigo foncé à l'extrémité, les barbes
internes noires. Les autres rémiges secondaires n'ont point
de rouge. Les 3 ou 4 rectrices les plus extérieures sont rouges
à la base, Bec et pattes jaune pâle, Œil orange.

Chez le jeune oiseau le vertex et les tempes seuls sont
jaunes. Mais sous ce premier plumage on peut encore facilement le distinguer de l'espèce voisine ou perroquet à épaulettes jaunes par les petites couvertures qui sont rouges chez
la première et jaunes chez la seconde.

Sa patrie est le Mexique, où il atteint la limite septentrionale extrême de la zone d'habitation des perroquets à courte
queue, en Amérique; on le trouve jusqu'au 25e degré de latitude nord et jusqu'à la zone tempérée. Sa beauté et sa facilité pour apprendre le recommandent tout particulièrement
comme oiseau d'agrément.

Fig. 5. Parroquet à épaulettes jaunes.

(*Chrysotis ochroptera* Gm.)

En allemand : *Gelbkopf, Gelbflügel-Amazone, Kleiner Gelbkopf* et aussi *Sonnenpapagei* (chez les marchands). — En
anglais : *Yellow-shouldered Amazon* et *Single Yellow-browed
Amazon*.

Vert. Chaque plume du dessus comme du dessous du corps
a une large bordure foncée, Front blanc jaunâtre, la partie
antérieure de la tête, les joues, le menton et la calotte,
jaunes. Les petites couvertures jaune éclatant.

Les ailes, les plumes de la queue, le bec, les pattes et l'œil
sont de même couleur que dans l'espèce précédente.

Autant qu'on le sait jusqu'ici, ce perroquet habite le sud
du Mexique et la république de Venezuela.

Fig. 6. Amazone ou Perroquet Aourou.

(*Chrysotis amazonica* Lin.)

En allemand : *Amazonenpapagei*. — En anglais : *Orange-
winged Amazon, Wild Amazon*. — En brésilien : *Papagaio et
Aurlia*. — C'est le *Ana-Poa* des Botocudos.

Vert. Plumes de la nuque à bordure foncée, Front et bride
bleus. Vertex et tempes jaunes; les petites couvertures
vertes, et les moyennes jaunes.

Les premières plumes du bras (rémiges secondaires) ont
les barbes extérieures vertes à la base, bleu indigo à l'extrémité, rouge carmin dans le milieu. Il en est de même des
barbes inférieures des plumes externes de la queue. Bec
jaune brunâtre, plus foncé à la pointe. Pattes brun de corne.
Œil orange, presque vermillon.

Chez le jeune, tout le dessus de la tête est bleu, les joues
seules sont jaunes.

L'Amazone habite le centre et le nord du Brésil, la Guyane,
la république de Venezuela, la Nouvelle-Grenade et l'Équateur. Cet oiseau se trouve en grandes quantités sur les côtes
boisées du Brésil, vivant dans les Mangliers, des rives marécageuses des fleuves.

Cette variété, qui est l'Amazone proprement dite, nous est
aussi parfois présentée comme l'Amazone à *calotte bleue*
(Rothkap-Amazone ou Amazone à épaule rouge) que les
marchands ont l'habitude de nommer simplement Amazone.
Il arrive très souvent que ces deux variétés sont prises l'une
pour l'autre, c'est pourquoi j'attire ici particulièrement l'attention sur leurs caractères distinctifs. Chez l'Amazone proprement dite, l'épaule est verte, elle est rouge écarlate chez
l'Amazone à calotte bleue; le bec de la première est jaune
brun, celui de la seconde, noirâtre. Ensuite le bleu du front
est toujours plus foncé, le rouge des plumes de l'aile et de
celles de la queue est plus clair chez celle-là que chez celle-ci.
L'étendue du jaune sur le front ne peut fournir un caractère
distinctif, parce qu'elle change avec l'âge de l'oiseau comme
il sera dit plus loin.

Fig. 7. Amazone à calotte bleue.

(*Chrysotis aestiva* Lath.)

En allemand : *Rothkop Amazone* (Am. à épaule rouge),
Amazone, Blaustirnige Amazone (Am. à front bleu), *Blaukopf*
(à tête bleue) et *Neuholländer* (?) (de la Nouvelle-Hollande),
chez les marchands. — En anglais : *Blue-fronted Amazon*.
— Au Brésil : *Papagaio geraçe*.

Vert. Bordure foncée aux plumes du dessous du corps.
Front bleu clair. Vertex, joues, gorge jaunes. Épaule rouge
écarlate, couvertures moyennes jaunes.

Les plumes de l'aile et de la queue ont les barbes colorées
comme chez l'Amazone (Chr. amazonica), seulement le rouge,
au lieu de vermillon est du amazone écarlate. Bec et pattes
noirâtres. Œil orange, presque vermillon.

Les jeunes n'ont de jaune qu'un vertex et autour des
yeux, les joues et la gorge sont verts.

L'Amazone à calotte bleue habite l'intérieur du Brésil depuis la rive méridionale du fleuve Amazone jusqu'au Paraguay, et y tient dans les forêts élevées la même place que le
perroquet Aourou dans les bas-fonds. C'est parmi les perroquets verts celui qui nous arrive vivant le plus communé-
ment. Dans sa patrie il est aussi le favori des populations
indigènes, et l'on en trouve également des quantités apprivoisées dans les établissements coloniaux. Au temps des
couvées, ils vivent par couples qui aux siècles se rassemblent
par grandes troupes : on les trouve ainsi réunis la nuit dans
leurs cantonnements, et le jour ils se dispersent aux alen-
tours pour chercher leur nourriture. Ils se joignent alors
souvent aux troupes des autres variétés de perroquets, pour
former des bandes d'un millier de tête, à peu près comme
le pigeon fuyard. (Pour les mœurs des Amazones, et des perroquets verts, et les soins à leur donner en captivité, consulter : Brehm's, Gefangene Vögel (les Oiseaux en captivité)
vol. 1er, page 171.)

Fig. 8. Perroquet à joues rouges.

(*Chrysotis autumnalis* Sparrm.)

En allemand : *Weisstirn-Amazone* (Am. à front blanc). —
En anglais : *White-breast Amazon, Spectacle-Parrot*, chez
les marchands. — Au Mexique : *Catara*.

Vert. Bordure foncée aux plumes. Bride et tour des yeux
rouges. Front blanc. Vertex bleu.

Plumes de la main (ou rémiges primaires) à barbes intérieures noires, externes vertes à la base, et bleues au dernier
tiers. Plumes du bras (rémiges secondaires) bleu foncé, à
barbes internes noires à la base jusqu'à moitié ; les der-

PLANCHE II.

Perroquets de la Caroline à la Patagonie.

La région tropicale est la véritable patrie des perroquets; il y a cependant aussi beaucoup d'espèces, au delà des Tropiques, principalement dans le sud. C'est en Amérique surtout que les limites de leur habitat s'étendent loin vers le pôle, atteignant au nord le 40e degré de latitude, dans la Caroline, et au sud jusqu'au 50e en Patagonie. Le groupe des Perruches à queue cunéiforme (Conurus), l'un des genres les plus riches en espèces, et celui qui est plus spécialement représenté sur cette planche, se trouve sur toute cette immense région de 90 degrés de large. Le Conurus le plus septentrional, et en même temps le perroquet qui atteint le plus loin au nord, le seul aussi du nord de l'Amérique, est la Perruche à tête jaune (Conurus carolinensis, fig. 8), tandis que la Perruche de la Patagonie (Conurus patagonus, fig. 7), est l'espèce la plus méridionale; elle habite jusqu'au détroit de Magellan, avec sa parente, la Psittacule smaragdine, qui a été récemment importée vivante chez nous. Parmi les autres espèces représentées sur cette planche, la Perruche à front jaune (fig. 2) s'étend encore jusqu'à la zone tempérée; les autres appartiennent aux régions les plus chaudes. Les variétés les plus éclatantes vivent dans les contrées équatoriales; telles sont le Guaruba jaune (fig. 4) et la Perruche jaune (fig. 6).

Fig. 1re. Ara bleu ou Ararauna.

(SITTACE ARARAUNA Lin.)

En allemand : *Ararauna, Gelbbrüstiger blauer Arara.* — En anglais : *Blue-and-Yellow Macaw, Blue-and-Red Macaw.* — Au Brésil : *Callaia et Araruna.* — Chez les Macons (tribu indienne sur le Rio-Negro) : *Cararauna.* — À la Guyane : *Arahuana.*

Dessus du corps et couvertures inférieures de la queue bleu clair. Côtés du cou et dessous du corps jaune éclatant. Bordure des joues et menton noirs.

Le front est lavé de vert. Les couvertures inférieures des ailes d'un jaune éclatant. Le dessous des ailes et plumes de la queue, jaune clair. Œil gris jaunâtre. Les joues nues sont couleur de chair pâle.

L'ararauna habite l'Amérique tropicale, du Honduras au Pérou et à la Bolivie et même jusqu'à l'Uruguay. C'est un des perroquets importés vivants en Europe depuis le plus longtemps; on a des documents sur ses mœurs en captivité datés du seizième siècle. Son intelligence le met au-dessus des autres aras.

Fig. 2. Perruche à front jaune ou Perruche couronnée.

(CONURUS AUREUS Gm.)

En allemand : *Golddrosselsittich, Halbmondsittich.* — En anglais : *Golden-crowned Conure, Half-Moon Parrakeet.* — Au Paraguay : *Cotherra.*

Verte. Le devant de la tête et le tour des yeux jaune orange. Vertex et ligne des sourcils bleus, joues gris brunâtre.

Rémiges secondaires bleues. Ventre vert jaunâtre. Ailes et plumes de la queue jaunes en dessous. Bec et pattes noirâtres. Œil brun. Cercle des yeux nu et gris.

Chez la femelle la tache jaune, en demi-lune, du front, est moins étendue et plus pâle. Cette différence est plus accusée encore chez les jeunes, qui ont aussi plus de jaune dans le vert du plumage.

La perruche couronnée est fréquente au Paraguay, à la Bolivie, au Pérou et dans l'est du Brésil, jusqu'à Surinam et à la Guyane. Comme les espèces voisines, elle vit en société en dehors du temps des couvées, et son séjour de prédilection est le fond paisible des forêts vierges. Cette perruche ne paraît pas entreprendre de migrations, c'est plutôt un oiseau sédentaire qui se contente d'excursions vers quelque récolte en maturité; aussi devient-elle fort nuisible aux plantations des jardins et des champs, ce qui lui attire de sévères punitions. (Pour plus de détails sur ses mœurs en liberté ou en captivité, voir Brehm's : *Les Oiseaux en captivité,* vol. 1er, page 224.)

Fig. 3. Perruche à front bleu.

(CONURUS HAEMORRHOUS Spix.)

En allemand : *Blaustirnsittich* (perruche à front bleu). — En anglais : *Blue-crowned Conure.*

Verte. Front bleuâtre. Plumes de la queue vert jaunâtre en dessous avec barbes internes rouges.

Bec et pattes couleur chair pâle. Cercle des yeux nu et blanc. Œil roux. Les jeunes ont le front gris.

Habite le sud du Brésil et la Bolivie, et est du nombre des Perruches rarement importées chez nous.

Fig. 4. Guaruba jaune.

(CONURUS LUTEUS Bodd.)

En allemand : *Goldsittich, Goruba.* — En anglais : *Golden Conure.*

Jaune. Ailes et grandes couvertures vertes.

Bec jaune clair, brun à la base supérieure. Pattes couleur de chair. Œil orange foncé. Cercle des yeux nu et blanchâtre. Les jeunes ont le plumage mêlé de vert.

Le Brésil, le bassin de l'Amazone, est la patrie de ce magnifique Conurus. Au nord il s'étend jusqu'à la Guyane, au sud jusqu'à Pernambouc et Bahia. Il n'a été jusqu'ici que rarement capturé pour l'importation.

Fig. 5. Perruche à tête d'or.

(Conurus jendaya Gm.)

En allemand : *Jendaya* ou *Hyazinthsittich* (chez les marchands). — En anglais : *Yellow-headed Conure, Yellow-headed Parrakeet*. — Au Brésil : *Jendaya* et *Nenday*.

Tête et cou jaune éclatant, tour des yeux rouge. Lombes, dessous du corps et des couvertures des ailes, rouge. Dos et ailes verts.

La pointe des ailes et les grandes couvertures sont bleu foncé. Les plumes de la queue vert jaune avec la pointe bleue foncé. Bec noir. Pattes noirâtres. Œil brun clair. Cercle des yeux nu et couleur de chair. Chez le jeune, le vert est la couleur dominante. Plus tard se montre la couleur rouge du ventre et du dessus de la tête, qui va ensuite en s'étendant.

Cette perruche peuple le sud du Brésil, comme la suivante (la perruche jaune) en peuple les régions plus septentrionales. On la trouve depuis Bahia et Para jusqu'à 22 degrés de latitude australe.

Fig. 6. Perruche jaune.

(Conurus solstitialis Lin.)

En allemand : *Sonnensittich, Kennsittich*. — En anglais : *Yellow Conure, Solstitial Parrakeet*. — Au Brésil : *Guaruba* (d'après Burmeister). — Chez les Indiens-Maçons : *Kessi-Kessi*.

Jaune orange. Joues et ventre rouge orangé.

Rémiges et grandes couvertures à barbes externes vertes à la base, bleues à l'extrémité, à barbes internes noires, sur la pointe une tache jaune. Couvertures moyennes vertes à la base, jaunes au bout. Plumes de la queue vert jaune avec l'extrémité bleue. Bec brun clair, foncé en dessous à la pointe et à la base. Pattes brunes. Œil orange. Cercle des yeux nu et couleur de chair pâle. Les jeunes sont jaune vert.

La perruche jaune habite le nord du Brésil, des rives de l'Amazone jusqu'à l'Orénoque. C'est surtout dans la Guyane qu'on la rencontre fréquemment. D'après Burmeister, au nord de l'Amérique méridionale elle porte le nom de *Guaruba*, d'autres auteurs prétendent qu'elle s'y nomme *Goldsittich* (perruche dorée). Schomburgk raconte que le Kessi-Kessi est très recherché des Indiens, et que dans les établissements coloniaux on en voit des troupes entières apprivoisées qui volent librement dans le village, et se tiennent, comme chez nous le pigeon domestique, sur les toits des chaumières.

Fig. 7. Perruche de la Patagonie.

(Conurus patagonus Vieill.)

En allemand : *Felsensittich*. — En anglais : *Smaller Patagonian Conure, Patagonian Conure*. — Au Chili et à la Plata. — *Lora*. — C'est le *Catrita* des créoles.

Vert olive. Partie inférieure du dos, croupion, ventre et couvertures inférieures de la queue, jaunes. Une tache rouge au milieu du ventre. Une bande blanche sur le devant du cou.

Rémiges secondaires à barbes externes bleu clair et internes noirâtres. Bec noirâtre ; pattes brun clair. Œil blanc.

Cette perruche habite le Chili, la Plata, le Paraguay et les déserts de Patagonie jusqu'au détroit de Magellan. Bien différente des autres Conurus qui perchent sur les arbres, la perruche de la Patagonie vit dans les plaines, dans les régions dépourvues d'arbres de la pointe méridionale de l'Amérique, sur les rivages à pic et les anfractuosités des rochers. Là elle niche par troupes dans les trous de la roche. Poppig raconte avec beaucoup de charme dans ses voyages que souvent, dans ces régions solitaires, s'approchant d'un roc à pic près duquel il devait se croire complètement seul d'après la tranquillité qui régnait partout aux environs, son attention était tout à coup réveillée par un grondement caractéristique. Il reconnaissait l'alarme donnée par un perroquet, et bientôt il se voyait environné de toute une troupe de perruches de la Patagonie qui, de toutes parts, sortaient en criant, des trous de rocher où s'abritait leur progéniture.

Fig. 8. Perruche à tête jaune.

(Conurus carolinensis L.)

En allemand : *Carolinasittich*. — En anglais : *Carolina Conure, Carolina Parrakeet*. — Dans l'Amérique du Nord : *Parrakeet, Carolina Parrot*.

Vert. Front, bride et tour des yeux orange. Vertex, côtés de la tête et menton jaunes. Épaule et naissance de la main orange.

Rémiges, coins de l'aile et grandes couvertures à barbes internes noires. Bec et pattes couleur de chair pâle. Œil brun. Cercle de l'œil nu et blanchâtre. Chez le jeune le front et la bride seuls sont orange ; le reste du plumage est vert.

C'est le seul perroquet de l'Amérique du nord. Il habite le sud des États-Unis, entre les États de Maryland, de l'Ohio, du Missouri, de l'Arkansas, du Texas et de la Floride. C'est un oiseau sédentaire surtout dans la Caroline du Sud, la Géorgie et l'Ohio. Il ne dépasse habituellement pas le 39e degré de latitude ; on en a pourtant trouvé jusque sous le 44e. L'extension de la culture rend la perruche à tête jaune de plus en plus rare, car il lui faut les immensités de la forêt vierge. Dans toute leur patrie, ces perruches sont des oiseaux sédentaires qui ne redoutent ni les froids rigoureux de l'hiver, ni les tempêtes de neige ; le climat de notre Europe centrale leur convient donc en liberté.

PLANCHE III.

Perroquets de l'Australie.

Si l'Amérique tropicale offre, dans les perroquets, la plus grande variété d'espèces, c'est dans la région de l'Australie, sur le continent australien même, dans la Nouvelle-Guinée, les îles environnantes et celles de la Polynésie, que l'on trouve la plus grande richesse des couleurs. Les perroquets américains, à l'exception de quelques espèces hors ligne, offrent une certaine uniformité dans leur coloration; le vert est toujours la couleur dominante du plumage; chez les perroquets d'Australie, il n'y a plus de couleur caractéristique: nous leur voyons les nuances les plus multipliées, la distribution la plus variée du coloris, le pêle-mêle le plus bigarré des tons les plus splendides, depuis le blanc de neige du Cacatois jusqu'au rouge feu du Loris, et jusqu'à l'habit d'arlequin des Platycerques qui réunit toutes les couleurs. Un grand nombre de perroquets australiens arrivent aujourd'hui vivants sur notre marché; il faut citer les Cacatois, les Platycerques et les Loris, *Domicella* ou *Trichoglossus*.

Bien que plus délicats en général que les perroquets américains, beaucoup d'entre eux, soignés convenablement, supportent cependant longtemps la captivité sous notre climat rigoureux, et l'on a réussi plus d'une fois à y faire reproduire en cage même des espèces très sensibles. L'avantage de leurs superbes couleurs est compensé chez les perroquets australiens par un défaut: ils sont peu propres à imiter le langage humain; les plus intelligents d'entre eux, les Cacatois, sont en ce point bien surpassés par les Amazones de l'Amérique.

Fig. 1er. Perruche Barraband.

(Platycercus Barrabandi Sws.)

En allemand: *Schildsittich* (perruche à bouclier), *Lauch-grünsittich* (perruche vert poireau), *Barrabandsittich*. — En anglais: *Green Leek, Barraband's Parrakeet*.

Verte. Devant de la tête, joue, menton jaunes; sur la gorge, un bouclier rouge en forme de demi-lune.

Ailes et queue vertes, en dessous. Rémiges primaires et leurs couvertures vert bleuâtre en dehors. Bec rouge corail. Pattes noirâtres. Œil rouge orange.

On ne sait pas encore d'une manière certaine si la femelle adulte a les couleurs du mâle ou celles du jeune qui sont un vert uni avec la culotte jaune et une bordure intérieure rouge aux plumes de la queue. L'œil chez le jeune est brun, le bec rouge pâle.

Cette perruche habite l'intérieur de la Nouvelle-Galles du Sud.

Fig. 2. Perruche à collerette jaune.

(Platycercus semitorquatus Ch. Gain.)

En allemand: *Kragensittich* (perruche à collerette), nommée parfois à tort chez les marchands *Ringsittich*. — En anglais: *Yellow-collared Parrakeet, Twentyeight Parrakeet*. — Chez les colons australiens: *Bauvalet*. — Chez les marchands: *Rosella*.

Verte. Tête brun noir. Cercle de l'œil rouge. Tache bleue au-dessous du bec. Ligne jaune sur la joue.

Rémiges primaires et couvertures noires avec les barbes extérieures bleues. Plumes de la queue vertes, à l'exception des deux du milieu, bleu foncé à la base, plus clair vers l'extrémité, vert d'eau clair à la pointe. Bec gris de plomb. Pattes noirâtres. Œil brun foncé. Les deux sexes portent les mêmes couleurs autant qu'on le sait jusqu'ici.

Leur patrie est l'Australie occidentale. Le nom singulier

que les colons leur ont donné vient du cri qu'elles font souvent entendre en volant, et qui peut se rendre par les mots « twenty-eight. »

Fig. 3. Platycerque érythroptère.

(Platycercus erythropterus Gld.)

En allemand: *Scharlachflügel, Rothflügel, Rothpapagei* (à ailes écarlates, rouges, couleur de sang). — En anglais: *Red-winged Parrakeet, Blood-Wing*.

Verte. Manteau et épaules noirs. Couvertures des ailes rouge écarlate. Scapulaires bleues.

Ailes et queue noires en dessous; ailes semées de noir sur les barbes intérieures. Bec rouge de corail avec la pointe plus claire. Pattes noirâtres. Œil rouge éclatant.

La femelle est d'un vert plus pâle, avec les scapulaires bleues, quelquefois une barre sur les ailes, couverture des ailes rouges, et plumes de la queue bordées de rouge clair à l'intérieur. Œil rouge orange. Chez le jeune, l'œil est brun, le bec rouge pâle.

L'Érythroptère habite tout le continent australien à l'exception de l'ouest où on ne l'a pas encore trouvé. Il a été souvent capturé pour l'importation en Europe.

Fig. 4 (a et b). Platycerque à croupion bleu.

(Platycercus scapulatus Kuhl.)

En allemand: *Königslori* (lori royal), *Scarlat*. — En anglais: *King-Lory, King-Parrakeet*. — Chez les indigènes: *Scarlat*.

Ailes et dos vert foncé. Épaules vert clair. Tête, cou, dessous du corps d'un rouge écarlate. Croupion et collier bleu foncé. Queue noire.

Les couvertures inférieures de la queue sont bleu foncé avec de larges bordures rouges. Bec rouge corail, noir à la pointe et à la mandibule inférieure. Pattes noirâtres. Œil jaune clair.

La femelle est verte, le ventre rouge, le croupion bleu. Les couvertures inférieures de la queue vertes avec de larges bordures rouges. Bec noirâtre ; la poitrine chez l'adulte est légèrement colorée de rouge. Les jeunes ressemblent à la femelle.

Leur patrie est le sud de l'Australie ; on les y capture souvent pour nous les importer.

Fig. 5. Loris noir.

(DOMICELLA GARRULA Lin.)

En allemand : *Gelbmantellori* (loris à manteau jaune) *Ceram-Lori*. — En anglais : *Ceram Lory*. — Au Bengale : *Lot-ora-Lori*.

Rouge écarlate. Ailes vert olive. Culotte verte. Épaule jaune et tache jaune triangulaire sur le dos.

Extrémité de la queue vert foncé à reflets violets. Ailes noires. Rémiges primaires à barbes internes vermillon à la base. Petites couvertures inférieures des ailes jaunes. Bec rouge orange. Pattes gris noirâtre. Œil brun jaune. Cercle de l'œil nu et gris.

Habite les îles Moluques, particulièrement Batjan et Halmahera ; de toutes les *Domicella*, elle est la plus souvent importée en Europe. On l'entretient beaucoup aussi dans l'Inde comme oiseau privé. On capture les loris à la glu et à l'appeau.

Fig. 6. Perruche à queue noire.

(PLATYCERCUS MELANURUS Vig.)

En allemand : *Bergsittich* (perruche de montagne). *Gelbe Rosella*, ou *Mehlige Rosella* chez les marchands (rosella jaune et rosella farineuse). — En anglais : *Mountain-Parrot*, *Meal-tailed Parrakeet*, *Mealyplav* chez les marchands. — Chez les indigènes : *Wonkinga*.

jaune. Dos brunâtre, couleur d'olive. Ailes et queue noires à reflets bleus.

Les dernières rémiges secondaires et leurs couvertures ont les barbes externes rouge foncé. Bec rouge de corail. Pattes noirâtres. Œil rouge sang.

Chez le jeune la tête et tout le dessus du corps sont brun olive. Les plumes de la queue ont les barbes internes bordées de rose. Ailes et grandes couvertures comme chez l'adulte. C'est encore une espèce pour laquelle on n'est pas certain si le plumage de la femelle est le même que celui du jeune ou ressemble à celui du mâle adulte. L'attention des amateurs aura à se fixer particulièrement sur ce point.

La patrie de la perruche à queue noire est le sud et l'ouest de l'Australie.

Fig. 7. Loris à collier.

(DOMICELLA ATRICAPILLA Wagl.)

En allemand : *Kratoir* (arde-lori), *Schwarzkappenlori* (loris à capuchon noir), *Schwarzstirnige Pennantlori* (loris des dames à front noir) chez les marchands. — En anglais : *Purple-capped Lory*. — À Amboine : *Lori* et *Niorie*. — Au Bengale : *Latoira-Lori*.

Rouge carmin. Dessus de la tête noir, tirant sur le violet au-dessous de la tête. Poitrail jaune. Ailes vert olive. Culotte bleue.

Extrémité de la queue noirâtre. Rémiges primaires à barbes internes jaune safran, noires au dernier tiers. Épaule et couvertures inférieures de l'aile, bleues. Bec rouge orange. Pattes noirâtres. Œil brun. Cercle de l'œil nu et bleu gris.

Chez le jeune, la couleur rouge est mêlée de vert, particulièrement sur le dos. Le poitrail jaune manque quelquefois.

La patrie des loris à collier est dans les îles Moluques, Ceram et Amboine ; on les importe souvent vivants en Europe et dans les Indes Orientales. On les préfère encore aux loris noirs, à cause de leur douceur et de leur aptitude pour apprendre à parler.

PLANCHE IV.

Les Cacatois.

Les Cacatois forment un groupe si nettement déterminé, si exclusif, qu'il n'est pas difficile de reconnaître un individu qui appartient à ce genre. Les caractères distinctifs des Cacatois pris dans le sens restreint que comprend le nom générique scientifique de *Plictolophus*, sont : une forme ramassée, la queue courte, une conformation particulière du bec, une tête huppée, et surtout la couleur. Le blanc de neige du plumage qui distingue la plupart des oiseaux en question ne se retrouve chez aucun autre perroquet.

Les Cacatois habitent l'Australie, la terre de Van Diemen, la Nouvelle-Guinée, quelques-unes des îles de la Polynésie occidentale, particulièrement les îles de Salomon, puis les petites îles de la Sonde, les Célèbes, les Moluques et les Philippines, ainsi ils s'étendent sur toute la région australienne, à l'exception des îles qui se trouvent au delà du 160e degré de longitude orientale.

Ces oiseaux se réunissent le soir en troupes prodigieuses, sur les plus hauts arbres des forêts vierges, pour y prendre ensemble le repos de la nuit, après avoir pendant le jour pillé les champs et les plantations des colons en troupes plus ou moins fortes. Le silence est enfin rétabli dans la société criarde, chacun a trouvé sa place pour la nuit. — Tout à coup, quelques-uns redeviennent inquiets, ils allongent la tête ; ils écoutent au-dessous d'eux. Un cri d'appel a réveillé tous les autres. Un malicieux nègre australien se glisse sous le bois épais qui le cache pour surprendre ces oiseaux sans défense, pour abattre quelques proies glisse dans la troupe. Les malheureux ne savent encore quel danger les menace ; ils le devinent seulement aux craquements des branches mortes. Cependant le noir s'approche toujours en rampant. Le voilà à la distance qu'il désirait. — tout à coup, sortant du fourré, il se précipite en pleine lumière. Un tumulte général s'élève au milieu des oiseaux ; et jetant des croassements à déchirer les oreilles, la troupe se lève dans les airs comme un orage blanc. Mais trop tard, cette fois une prudents animaux n'ont pas vu leur ennemi. Avec une adresse admirable, le chasseur indigène décoche son arme admirable son « Boomerang.¹ » Se repliant vers cesse sur lui-même, le bois recourbé atteint la troupe ailée ; un second, un troisième lui succèdent. Les traits sifflent tout autour du cercle des oiseaux terrifiés. L'un a la tête brisée ; un autre tombe avec l'aile fracassée. Et tandis que le nègre rassemble son butin, la blanche compagnie s'enfuit à grands cris vers l'horizon, pour chercher en quelque autre remise un repos que les terreurs ne viennent plus troubler.

Fig. 1er. Cacatois à huppe jaune.

(*Plictolophus sulphureus* Gm.)

En allemand : *Gelbwangen Kakadu* (cacatois à joues jaunes) ou *Kleiner Gelbhauben-Kakadu* (petit cacatois à huppe jaune). — En anglais : *Lesser Sulphur-crested Cockatoo* ou *Small Java-Cockatoo*, chez les marchands.

Blanc. — Plumes de la huppe jaune soufre ; tache de même couleur vers l'oreille.

Bec noir. Pattes gris-noir. Cercle des yeux nu et gris bleu. Œil brun foncé. Ailes et plumes de la queue colorées, en dessous, de jaune pâle.

La femelle, comme celle de tous les cacatois, a les mêmes couleurs que le mâle, elle n'en diffère que par une taille un peu plus petite et la huppe plus courte.

Le cacatois à huppe jaune habite les îles Célèbes et Flores. Il ne faut pas le confondre avec une espèce très voisine qui habite Timor, et ne diffère de celle-ci que par une taille moindre, un bec très faible, et la tache jaune de l'oreille très peu apparente ; son nom scientifique est *Plictolophus Sulphureus* Finsch.

(Pour les soins à donner aux cacatois, voir Brehm's, ses *Oiseaux en captivité*, vol. I, p. 192).

Fig. 2e. Cacatois à huppe orangée.

(*Plictolophus citrinocristatus* Fras.)

En allemand : *Kakadu Goldwangen* (cacatois à joues dorées), *Orangehauhiger Kakadu* (cacatois à huppe orange). — En anglais : *Citron-crested Cockatoo*.

Blanc, avec la huppe jaune orange ; jaune orange clair vers l'oreille.

Bec noir, pattes gris noir, cercle des yeux nu et gris clair,

---

1. Le Boomerang est une arme de jet commune des tribus sauvages de l'Australie. C'est un morceau de bois dur, un peu flexion, long de 75 à 85 cent. Il est légèrement courbé à son milieu, large de 5 cent., épais de 2 cent. [...] Un de ses bouts est arrondi, l'autre est plat. Quand un natif veut s'en servir, il étreint de ses deux mains l'extrémité roulée, fait rapidement tourner l'arme au-dessus de sa tête et la lance avec force.

Alors se produit un phénomène extraordinaire : le boomerang part en tourbillonnant avec des sifflements saccadés, jusqu'à 10, 15 ou 20 mètres, puis il tombe à terre... Il rebondit comme s'il était animé de la pensée, tourne, revient avec une vitesse et une précision extraordinaires, bruyant, fracassant tout... C'est une sorte de tir droit l'empirisme pourrait-être cacher en un tour de main que nul Européen n'a jamais pu acquérir.

(Extrait du *Journal des Voyages*, année 1876, page 227.)   Note du traducteur.

Œil brun foncé. Ailes et queue teintées de jaune pâle en dessous.

Les îles Timorlaut et les Tenimber sont la patrie de ce cacatois.

Fig. 3. Cacatois à huppe blanche.

(PLYCTOLOPHUS CROOLOPHUS Less.)

En allemand : *Weissbauben-Kakadu* (même sens qu'en français). — En anglais : *White-crested Cockatoo*.

Tout le plumage est blanc, même la huppe.

La taille est la même que pour les deux espèces précédentes.

Ailes et queue teintées de jaune en dessous. Cercle des yeux nu et gris bleu pâle. Bec noir. Pattes gris noir. Œil rouge chez l'adulte, brun foncé chez le jeune.

Il habite les îles Moluques : Ternate, Halmahera, Batchian et Tidor.

Fig. 4. Cacatois à huppe rouge.

(PLYCTOLOPHUS SULPHUREUS Gm.)

En allemand : *Rothhauben-Kakadu* (comme en français), *Molucca-Kakadu*. — En anglais : *Rose-crested* ou *Red-crested Cockatoo*. — Chez les Malais : *Galah*.

Blanc, teint d'une belle nuance rose jaune. Les plus grandes plumes de la huppe sont rouge minium, les moyennes bordées de rouge à l'extérieur, les intérieures entièrement blanches.

Cercle des yeux nu et gris bleu. Bec noir. Pattes gris noir. Œil brun foncé. Queue et ailes teintées de jaune pâle en dessous. C'est la plus grande espèce de cacatois. La femelle n'a pas la belle teinte rose du plumage, elle est presque complètement blanche.

Autant qu'on le pense jusqu'ici, le cacatois à huppe rouge n'habite que les îles Ceram et Amboine.

Fig. 5. Cacatois à crête jaune.

(PLYCTOLOPHUS GALERITUS Lath.)

En allemand : *Gelbhauben-Kakadu* (comme en français), *Grosser Gelbhauben-Kakadu*. — En anglais : *Greater Sulphur-crested Cockatoo*, *Yellow-crested Cockatoo*. — Chez les indigènes de la Nouvelle-Galles du Sud : *Karaway*.

Blanc avec une grande huppe en pointe, jaune soufre.

L'oreille et le dessous des ailes et de la queue teintés de jaune pâle. Cercle de l'œil nu et blanchâtre. Bec noir. Pattes gris foncé. Œil brun foncé.

Il habite l'Australie à l'exception de la région occidentale et de la terre de Van Diemen. Il est une espèce fort voisine de celle-ci, c'est le Triton (*Plyctolophus Triton* Temm.), de taille plus petite, avec le bec plus fort et plus grand, le cercle des yeux nu et gris bleu; il n'a pas la nuance jaune sur l'oreille. Il habite la Nouvelle-Guinée et les îles Mysol, Gemm, Mafor, Jobi et Salawatti; il paraît aussi remplacer le cacatois à crête jaune sur les côtes septentrionales de l'Australie.

Fig. 6. Cacatois de Leadbeater.

(PLYCTOLOPHUS LEADBEATERI Vig.)

En allemand : *Inka-Kakadu*. — En anglais : *Leadbeater's Cockatoo*.

Dessus du corps blanc, dessous rose. Rouge autour des yeux. Les plumes de la huppe sont pointues, de couleur vermillon avec une large bande de jaune éclatant au milieu et la pointe blanche. Les plumes du devant de la huppe sont blanc pur.

Les plumes inférieures de l'aile sont rose foncé à l'intérieur. Celles de la queue rouge rosé aux barbes internes de la base. Bec jaune brunâtre pâle, gris à la base de la mandibule supérieure. Pattes couleur de chair brunâtre. Œil brun foncé.

Ce superbe cacatois habite le sud et l'ouest de l'Australie.

Fig. 7. Cacatois nasique.

(LICMETIS NASICA Temm.)

En allemand : *Nasenkakadu*. — En anglais : *Slender-billed Cockatoo*, *Nasicus Cockatoo* chez les marchands.

Blanc. Tour du front et des yeux rouge; jaune orange sous les yeux. Plumes du cou et de la tête rouges à la base; cette couleur apparaît au devant du col. Le cercle des yeux est grand, nu et gris bleu.

Plumes des ailes et de la queue teintées de jaune clair en dessous. Bec gris pâle. Pattes gris foncé. Œil brun foncé.

Le cacatois nasique se distingue essentiellement des autres espèces par ses mœurs en même temps que par ses formes, notamment par son bec long et mince; aussi les savants l'ont-ils pris pour type d'un genre particulier. Il vit plus que les autres cacatois à la surface du sol, sa nourriture consiste en plantes bulbeuses de toutes sortes, mais surtout en orchidées. Il est fort adroit pour déterrer les racines et les bulbes avec son long bec approprié à ce but. Il habite le sud de l'Australie. A l'ouest du même continent se trouve une espèce très voisine de celle-ci, le *Licmetis pastinator* Gould (en allemand, der *Wühlerkakadu*, le Cacatois fouisseur); il se distingue cependant par une taille plus grande, et par une moins grande étendue ainsi qu'une teinte plus pâle du rouge du front et des yeux.

Taf. 1.

PLANCHE V.

Les Palæornis.

L'an 330 avant notre ère, Onésicrite[1], philosophe qui accompagnait la flotte d'Alexandre le Grand, importa des perroquets de l'Inde en Europe. C'étaient des *Palæornis*, qui ont, à cause de ce fait, conservé jusqu'à ce jour le nom de *perruches d'Alexandre*.

Deux parties du monde sont habitées par ces charmants perroquets, l'Asie et l'Afrique. Dans l'Asie tropicale, sur le continent indien, à Ceylan et dans les îles de la Sonde, ce sont les oiseaux que l'on rencontre le plus fréquemment en tous lieux, dans les forêts, les champs, les jardins, les villages même; ils sont en même temps, dans la plus grande partie de cette région, les seuls représentants de leur ordre, car l'Asie et spécialement le continent, n'a que quelques autres perroquets en outre des Palæornis. L'habitat de ces perruches n'est cependant pas limité aux tropiques : la perruche à collier rose franchit le tropique du Cancer et se trouve jusqu'aux contreforts de l'Hymalaya; la perruche à bec noir (Schwarzschnabelsittich), séjourne au printemps en Chine, jusqu'au 30e degré de latitude nord.

En Afrique, l'habitat des Palæornis se trouve circonscrit d'une manière remarquable et qui prouve clairement qu'elle a émigré autrefois de l'Asie, sa patrie véritable. Sur les quatre espèces d'Ethiopie qui nous sont connues, trois habitent les îles Maurice, Rodrigue et les Seychelles qui renferment aussi d'autres espèces d'oiseaux originaires de l'Asie tropicale. Une seule espèce, abondante aussi en Asie, la *perruche à collier rose*, se trouve sur le continent africain, et s'y répand dans toute la largeur de l'est à l'ouest, sans cependant dépasser au nord le 20e degré de latitude, et au sud l'équateur. Toutefois, des perruches à collier rose émigrées se sont fixées récemment dans la colonie du Cap.

Comme tous les perroquets, les Palæornis vivent en compagnie et se rassemblent, particulièrement au temps des nichées, par vols considérables. Quelques-unes des espèces de l'Inde se rencontrent souvent en troupes énormes, par milliers, qui font des ravages dans les champs de riz au temps de la maturité.

Fig. 1 et 2. Perruche d'Alexandre.

(Palæornis alexandri Lin.)

En allemand : *Alexandersittich, Grosser Alexandersittich, Halbmondsittich*. — En anglais : *Alexander-Parrakeet, Rosa Parrot*.

Verte, colorée de gris sur la poitrine, derrière de la tête bleuâtre; un demi-collier rose sur la nuque, lequel se réunit de chaque côté du cou à un demi-collier noir qui commence sur la gorge. Sur les épaules une grande tache rouge brun. Bec rouge.

Pattes brun clair. Œil jaune pâle. Barbes externes des plumes de la queue vertes, internes vert jaunâtre, jaunes en dessous; les deux médianes bleuâtres à la moitié extrême, blanchâtres à la pointe.

La femelle (fig. 2), n'a pas le collier, et la tache des épaules est plus pâle; les jeunes sont marqués de même.

La perruche d'Alexandre habite toutes les côtes occidentales de l'Inde jusqu'à Ceylan et l'Hymalaya, et s'étend à l'orient jusqu'à Burma, Pegu, Siam et Amherst.

Fig. 3. Perruche à poitrine rose.

(Palæornis alexandri Lin.)

En allemand : *Rosenbrustsittich* (même sens qu'en français), *Rosenbrüstiger Alexandersittich, Javanischer Edelsittich* (palæornis javanaise). — En anglais : *Java-Parrakeet, Javan Parrakeet*.

Verte. Tête grise teintée de bleu. Un mince trait noir au front et jusqu'aux yeux, une ligne noire plus large en dessous du bec, aboutissant le bas des joues. Gorge et poitrine roses. Tache jaune olive sur les ailes. Bec rouge.

Pattes brun gris. Œil jaune. Les deux plumes médianes de la queue bleuâtres, les autres jaunes à la moitié interne; toutes sont jaunes en dessous. Les deux sexes semblent à être pas distincts; il y a cependant encore des observations à faire à ce sujet. Les jeunes sont complètement verts avec la face grise et le bec jaune.

La perruche à poitrine rose habite Java et Bornéo; elle vient peut-être aussi de Sumatra, mais on n'en est pas encore certain; elle manque au contraire sur le continent de l'Inde où elle est remplacée par l'espèce suivante qui en est très voisine.

Fig. 4. Perruche de Pondichéry ou Perruche à moustaches.

(Palæornis fasciatus Müll.)

En allemand : *Bartsittich* (perruche barbée), *Bartsittich, Cochinchina-Sittich*. — En anglais : *Cochin-China Parrakeet*. — Dans l'Inde : *Katta ou Imrit*.

Très analogue à la perruche à poitrine rose, mais de taille

---

1. Onésicrite ne commandait pas la flotte, mais accompagnait Néarque, en qualité de philosophe et de savant, comme nos Académiciens ont été en Egypte à la suite de Napoléon.

un peu plus grande; le gris de la tête est coloré de bleu vif, le rose de la poitrine est plus pâle et un peu bleuâtre. Chez le mâle, le dessous du bec est noir, chez la femelle, le bec est tout entier de cette couleur.

Chez l'oiseau qui a ses couleurs, le bas des joues est semé de rose. La femelle adulte a la tête colorée de bleu vif avec une teinte verte, mais chez le mâle adulte le bleu d'azur se répand plus loin que ne le montre la figure. On verra représenter une femelle adulte sur la planche X de l'atlas d'oiseaux (*Vögelbilder*).

Il y a peu de temps qu'il est bien établi que la femelle a le bec complètement noir, tandis que le mâle a la mandibule supérieure rouge. La perruche à moustaches se distingue à première vue de l'espèce voisine, celle à poitrine rose, par la coloration du bec. Elle remplace celle-ci sur le continent asiatique, habitant toute l'Inde au nord, jusqu'au Népaul et à la Chine méridionale. A l'est jusqu'au Birman, Siam, le Pegu et Malacca, et on l'a trouvée jusqu'aux îles Hainan et Andaman.

Une espèce voisine de la perruche à moustaches, mais qui s'en distingue par une taille plus grande, surpassant même celle de la perruche Alexandre, est la perruche à bec noir (Schwarzschnabelsittich, *Palæornis melanorhynchus* Wagl.). Elle occupe la région la plus septentrionale de l'Asie où se trouvent les perroquets; elle habite le Népaul et le sud de la Chine, où elle atteint au printemps, à Iangtse-Kiand, environ le 30e degré de latitude nord.

Fig. 5 et 6. Perruche à tête bleue ou Perruche à tête rouge.

(*Palæornis cyanocephalus* Lin.)

En allemand: *Rosettsittich*, *Pflaumenkopfsittich* (perruche à tête couleur de prince). — En anglais: *Blossom-headed Parrakeet*, *Plum-head Parrakeet*.

Dessus du corps vert olive; dessous vert jaune. Tête bleu rosé (couleur de prune) terminée par un mince collier noir. Une bande vert bleuâtre sur la nuque. Couvertures des ailes gris bleu; sur les épaules, une petite tache rouge brun.

Mandibule supérieure jaune rouge, l'inférieure noirâtre. Œil jaune pâle. Pattes brun gris. Couvertures inférieures des ailes vert bleuâtre. Les deux plumes médianes de la queue bleues à pointe blanche; les deux suivantes bleu clair sur les barbes extérieures, variées sur celles intérieures avec la pointe blanc jaunâtre; les autres vertes en dehors, vert jaunâtre en dedans.

La femelle (fig. 5) est verte avec la tête gris bleu; le collier jaune en forme de bouclier et ne s'étendant pas sur la nuque; le bec aussi est plus pâle. La joue est tout à fait vert, plus jaune en dessous, les côtés de la tête seulement sont gris et le bec jaune.

Sa patrie est la partie occidentale de l'Inde jusqu'au Népaul et au Bengale, ainsi que l'île de Ceylan, à l'est de l'Inde et au sud de la Chine, elle est remplacée par une espèce voisine, la perruche de Burma (Burma sittich) qui est représentée sur la planche X.

Fig. 7. Perruche à collier rose.

(*Palæornis torquatus* Bodd.)

En allemand: *Halsbandsittich* (perruche à collier), *Kleiner*

Alexandersittich. — En anglais: *Ring-necked Parrakeet*, *Rose-ringed Parrakeet*.

Verte, nuancée de bleu derrière la tête. Collier noir qui commence de chaque côté au menton et rejoint une bande rose de la nuque. Des narines à l'œil court une mince ligne noire.

Bec rouge, mandibule inférieure noirâtre à la base. Pattes grises. Œil jaune clair. Les deux plumes médianes de la queue bleuâtres, les autres jaunâtres sur les barbes intérieures, toutes jaunes en dessous.

La femelle et le jeune n'ont pas le collier noir ni la bande rose de la nuque, non plus que la ligne noire de l'œil.

La perruche à collier rose se distingue de celle d'Alexandre d'abord par une taille moindre, puis par l'absence des taches brunes de l'épaule, et par la ligne noire de l'œil.

C'est vraisemblablement cette espèce qui fut déjà importée en Europe du temps d'Alexandre, car c'était alors et c'est encore l'espèce de perroquet la plus abondante dans l'Inde.

Il n'y a pas de perroquet qui soit répandu sur une aussi grande région du globe que la perruche à collier rose; son habitat embrasse une surface de 120 degrés de long et 30 de large. A l'ouest, son domaine commence à la Sénégambie, s'étend sur l'Afrique entre l'équateur et le 20e degré de latitude nord, jusqu'à l'Abyssinie. On la trouve ensuite dans toute l'Inde occidentale, jusqu'à l'Hymalaya au nord, à Ceylan, et enfin dans l'Inde orientale jusqu'à Burma et Malacca, où sa limite est au 120e degré de longitude orientale. On a bien tenté de former une sous-espèce africaine et une asiatique, mais les différences qui consistent en une moindre taille et un bec plus faible sont trop incertaines pour justifier cette subdivision. La perruche à collier rose est très souvent capturée pour être importée chez nous. Elle n'exige pas de soins difficiles, et l'on a réussi souvent à l'élever en captivité.

(Brehm donne des détails sur son entretien dans ses *Oiseaux en captivité*, vol. 1er, page 256).

Fig. 8. Perruche à joues roses ou Perruche de Malaisie.

(*Palæornis rosacianus* Bodd.)

En allemand: *Langschwanzsittich* (perruche à longue queue), *Malacca-Sittich*. — En anglais: *Malacca Parrakeet*, *Malac Bald Parrakeet*.

Verte. Dessous du corps jaunâtre. Partie inférieure du dos bleuâtre. Dessous de la tête vert foncé. Côtés de la tête et nuque rouge vineux. En large trait noir court de la mandibule inférieure le long des joues.

Mandibule supérieure rouge, l'inférieure brune. Pattes brun clair. Œil jaune pâle. Les deux plumes médianes de la queue bleues avec la pointe verte, toutes jaunes en dessous. Ailes bleuâtres à la base.

La femelle se distingue seulement par le rouge de la tête et de la nuque qui est plus pâle. Le jaune a le trait des joues vert foncé, tout le bec noirâtre, les côtés de la tête rose pâle. La nuque est verte.

Elle habite Malacca, Sumatra, Bornéo et quelques-unes des petites îles de la Sonde, comme Bangka et Nias, autant du moins qu'on le sait jusqu'ici. D'après le missionnaire voyageur David, on la trouve aussi dans l'extrême sud de la Chine, dans la province de Kuangsi.

Tab. I.

Les Perroquets les plus bigarrés.

Le groupe des Platycerques renferme, comme on le voit par cette planche, des oiseaux aux couleurs splendides qui se distinguent autant par leur grâce que par la beauté de leurs nuances. Ils sont moins propres à grimper que les autres oiseaux de leur ordre, mais en revanche, ils ont le vol très agile et courent mieux; se tenant moins perchés sur les arbres, c'est à terre surtout qu'ils recherchent leur nourriture. De larges pelouses, à peine interrompues çà et là par quelque petit bosquet, par des buissons peu élevés ou des arbres isolés, voilà leur séjour de prédilection. Ils y trouvent pendant les années humides, une abondante nourriture dans les graines des graminées de toutes sortes. Mais si la sécheresse a brûlé leurs herbages plantureux, et l'absence prolongée de la pluie a desséché le sol devenu désert, alors le Platycerque parcourt le pays de son vol rapide, pillant par-ci par-là les provisions de foin ou de grains du cultivateur, jusqu'à ce qu'un gazon succulent vienne de nouveau sourire au vagabond et l'inviter à arrêter quelque temps son séjour.

Les Platycerques forment un groupe des plus riches en variétés. Nous en connaissons aujourd'hui environ 40 distinctes, mais toutes extraordinairement bigarrées de vives couleurs. Toutes les espèces appartiennent exclusivement à la région australienne, et s'étendent sur tout son territoire; le continent de l'Australie, la Nouvelle-Guinée et les îles voisines ainsi que celles de la Polynésie; on les trouve encore au delà de la terre de Van Diémen et de la Nouvelle-Zélande, jusque dans l'extrême sud, sous le 50e et le 55e degré de latitude australe, aux îles Auckland et Macquarie.

Fig. 1er. Perruche élégante ou Perruche purpure, ou encore Perruche de Pennant.

(PLATYCERCUS PENNANTI Lath.)

En allemand : *Buschwaldsittich* (perruche des bois buissonneux), *Pennant-Sittich* (perruche de Pennant). — En anglais : *Pennant's Parrakeet.* — Chez les indigènes de la Nouvelle-Galles du Sud : *Balangat ou Talang.*

Rouge écarlate foncé. Taches des joues, ailes et queue bleu indigo. Plumes scapulaires noires avec une large bordure écarlate. Tache noire sur les épaules.

Les ailes et les grandes couvertures sont noires avec une bordure bleu foncé, les couvertures moyennes sont bleu clair, les petites sont noires, ce qui produit la tache noire des épaules. Les plumes de la queue sont bleu clair à la moitié extrême, avec une bordure blanche, à l'exception des quatre médianes qui sont bleu foncé; toutes ont les barbes internes noires à la base. Bec jaune gris. Pattes gris foncé. Œil brun foncé. Les sexes ne peuvent se distinguer. Chez le jeune la couleur verte domine; puis le rouge ressort successivement, d'abord à la tête, puis sur la poitrine.

On ne lui connaît jusqu'ici pour patrie que la Nouvelle-Galles du Sud et les îles du Rangourou et Norfolk.

Fig. 2. Perruche à ventre jaune.

(PLATYCERCUS FLAVIVENTRIS Tem.)

En allemand : *Gelbbauchsittich* (même sens), *Port-Lincoln-Sittich* chez les marchands. — En anglais : *Yellow-bellied Parrakeet.*

Tête et dessous du corps jaunes. Tache indigo sur les joues. Front rouge. Dos et petites couvertures brun foncé avec bordure verte.

Ailes et queue comme chez la perruche omnicolore. Bec gris bleu avec la pointe plus claire. Pattes brun clair. Œil brun foncé. La femelle a les couleurs du mâle. Le jeune est en dessus du corps d'un vert plus clair, en dessous vert jaune. La tache bleue de la joue et le rouge du front sont plus pâles.

La perruche à ventre jaune habite le sud de l'Australie et la Nouvelle-Galles du Sud, la terre de Van Diémen et les îles du détroit de Bass.

Fig. 3. Perruche jaune

(PLATYCERCUS FLAVEOLUS Gould.)

En allemand : *Strohsittich* (perruche couleur paille). — En anglais : *Yellow-rumped Parrakeet.*

Jaune paille. Bord du front rouge. Une tache de chaque côté au-dessus du bec, couvertures des ailes et plumes de la queue bleues. Scapulaires noires avec bordure jaune paille.

Bec gris bleu; la pointe plus claire. Pattes gris foncé. Œil brun noir. Ailes et queue de la même couleur que chez l'Omnicolore. Les deux sexes ont les mêmes nuances. On ne sait rien de spécial jusqu'à présent sur le plumage du jeune.

On ne connaît pour patrie à cette perruche que la Nouvelle-Galles du Sud.

Fig. 4. Perruche d'Adélaïde.

(PLATYCERCUS ADELAIDENSIS Gould.)

En allemand : *Fasansittich* (perruche faisan), *Adelaide-Sittich.* — En anglais : *Adelaide Parrakeet.*

Rouge hyacinthe. Taches des joues, ailes et queue indigo.

Scapulaires noires avec bordure jaune paille. Tache noire aux épaules.

La perruche d'Adélaïde est très voisine de la perruche de Pennant, seulement les parties qui sont rouge foncé chez la dernière sont rouge hyacinthe chez la première, et le bleu des joues, les ailes et la queue sont plus claires. Le bec, les pattes, les yeux sont de même couleur chez l'une et chez l'autre.

La femelle ressemble au mâle. Le jeune a pour ton général un jaune verdâtre pâle qui tourne par places au rouge, surtout à la tête et à l'abdomen.

Son habitat est connexe de celui de la perruche de Pennant, depuis la terre d'Adélaïde, le sud de l'Australie jusqu'à la côte occidentale à Murray-Bay. Ces deux espèces voisines n'habitent pas à la fois et ensemble ces régions, mais elles paraissent s'y remplacer.

Fig. 5. Perruche de Stanley.

(Platycercus icterotis Temm.)

En allemand : *Scharlachsittich* (perruche écarlate), *Rothbäuchiger Buntsittich* (perruche bigarrée à ventre rouge), et *Stanley Rosella* chez les marchands). — En anglais : *Stanley Parrakeet*. — Chez les indigènes : *Mayoluk*.

Tête et dessous du corps rouge écarlate. Joues jaunes. Scapulaires noires avec bordure rouge. Plumes inférieures du dos, vertes.

Les plumes médianes de la queue sont complètement bleu gris, les autres bleu clair à leur moitié externe, avec la pointe blanche, toutes sont bordées de noir à la base des barbes internes. Ailes noires, à barbes externes bleu foncé. Petites couvertures des ailes noires, les autres indigo. Bec gris bleu plus clair à la pointe. Pattes gris foncé. Œil brun noir.

Les deux sexes ne présentent point de différences. Les jeunes sont entièrement verts avec tache jaune pâle aux joues et une teinte rouge au ventre et au devant de la tête. Petit à petit la coloration rouge s'accentue de plus en plus.

On ne lui connaît avec certitude jusqu'à ce jour d'autre patrie que l'Australie occidentale, cependant son habitat doit s'étendre bien au delà de l'Australie.

Fig. 6. Perruche palliceps, Perruche à tête blanchâtre.

(Platycercus palliceps Vig.)

En allemand : *Blasskopfsittich* (même sens), *Blasskopfjäger Buntsittich*, *Wily-Rosella* chez les marchands. — En anglais : *Pale-headed Parrakeet*.

Couleur jaune pâle à la tête et en bordure des plumes scapulaires qui sont noires. Tache de la joue blanche, bordée de bleu en dessous. Dessous du corps et partie inférieure du dos, bleu clair. Dessous de la queue rouge.

Ailes et queue colorées comme chez l'Omnicolore. Bec gris bleu à pointe plus claire. Pattes noirâtres. Œil brun noir.

Les sexes ne diffèrent point par les couleurs. Le plumage du jeune est inconnu.

La perruche palliceps paraît s'être répandue sur l'Australie tout entière, cependant le Nord et l'Est de ce continent semblent être plus particulièrement sa patrie.

Fig. 7. Perruche omnicolore.

(Platycercus eximius Shaw.)

En allemand : *Rosella* ou *Buntsittich*. — En anglais : *Rose-Hill Parrakeet*. — Chez l'indigène : *Bundulluck*.

Tête, cou, poitrine et couvertures inférieures de la queue rouge écarlate. Grande tache blanche sur la joue. Plumes scapulaires noires avec bordure jaune verdâtre; partie inférieure du dos vert clair. Abdomen jaune éclatant, tournant au vert près de l'anus.

Ailes et grandes couvertures noires, à barbes extérieures bleu foncé. Couvertures moyennes bleu lilas clair, petites couvertures noires, formant une tache noire à l'épaule. Les 4 plumes médianes de la queue vert bleu à la pointe, noires en dessous, les autres, bleu foncé à la base avec bordure intérieure noire, bleu clair dans leur moitié extrême, et blanches à la pointe. Bec jaune blanc avec la base grise. Pattes gris foncé. Œil brun foncé. Les deux sexes ont la même couleur.

La patrie de l'Omnicolore comprend le sud de l'Australie, la Nouvelle Galles du Sud et la terre de Van Diémen.

Il est une espèce très voisine, la perruche splendide (Glänzende Rosella, *Platycercus splendidus* Gould), qui se distingue de l'Omnicolore que par une bordure jaune pur aux scapulaires, les plumes intérieures du dos blanc verdâtre, celles de la queue de teinte plus pâle, et une moins grande extension du rouge de la poitrine. On la connaît de l'intérieur de l'Australie.

Fontainebleau. — M. E. Bourges imp. brevet.

Tab. 6.

PLANCHE VII.

Perroquets des régions tropicales de l'Afrique.

Là où des forêts épaisses recouvrent les plaines brûlantes de l'Afrique, là où de sombres bois de palmiers à huile[1] cachent sous les ombres uniformes de leur feuillage une végétation luxuriante; là où les palmiers à vin[2] mêlés aux mangliers[3] et aux fourrés piquants des vaquois[4] recouvrent le sol marécageux à l'embouchure de quelque grand fleuve, là aussi retentissent éclatants et perçants les cris des perroquets, du haut des baobabs gigantesques ou des arbres à laine[5] qui dominent çà et là le feuillage penné des palmiers. La steppe aussi, avec sa végétation variée qui montre, ici l'arbre isolé, là le buisson d'arbustes et d'arbrisseaux, avec ses herbages aussi hauts qu'un homme et qu'interrompent, comme des tours, les sommets des nids de termites[6], avec ses broussailles épineuses de cactus, retraite chère au puffleur ou serpent à lunettes[7], avec ses tamariniers[8] et ses euphorbes grands comme des arbres, qui mesurent au voyageur fatigué une ombre misérable, la steppe, aussi, à ses perroquets. On les y voit, par petites troupes, gagner d'un vol rapide et bruyant un groupe de cocotiers et de borassus élancés dont la couronne, au feuillage aéré, les abritera pour le repos de la nuit.

L'Afrique n'a pas beaucoup d'espèces de perroquets: on n'en trouve, dans toute la région éthiopienne, que 25 variétés différentes; en revanche, le voyageur y remarque partout l'abondance des individus. Sur la terre africaine, l'habitat de ces oiseaux se borne aux tropiques; au delà ils manquent au nord comme au sud. C'est à l'ouest et au centre de ce grand continent que se trouve le *Perroquet gris*, espèce la plus commune et la plus répandue. Les représentants caractéristiques de la région méridionale sont surtout les perroquets de plus grande taille, du genre *Poocephalus* (Langflügel-Papageien, perroquets à grandes ailes), tandis que ceux de petite taille du même genre peuplent la région orientale; Madagascar et les îles Mascareignes sont caractérisées par les *Perroquets Vaza*, habitants des forêts, qui rappellent, sous bien des rapports, le genre *Conures* de l'Australie.

Sur les cinq genres de perroquets que l'on rencontre en Afrique, cette planche figure seulement les représentants des trois groupes qui viennent d'être nommés. Quant aux deux autres, savoir: les *Agapornis* (Zwergpapageien, perroquets nains ou inséparables), et les *Palæornis d'Afrique* (*Afrikanischen Edelsittichen*, perruches), on les trouvera plus tard sur une autre planche.

Fig. 1ʳᵉ. **Perroquet à croupion bleu.**

(Pœocephalus Meyeri, Rüpp.)

En allemand : *Goldbug Papagei* (perroquet à épaulettes d'or) et *Meyer's Papagei*. — En anglais : *Meyer's Parrot*. — Chez les Arabes du Soudan oriental : *Sebiliöng*.

Brun couleur d'olive. Couvertures inférieures de l'aile, pli de l'aile et culotte, jaunes. Poitrine, ventre et couvertures inférieures de la queue, vert bleu. Croupion bleu. Bec et pattes noirâtres. Œil brun rouge.

Cet oiseau dégénère souvent en jaune. On rencontre notamment chez beaucoup d'individus, une tache jaune sur le vertex, et la couleur jaune de l'épaulette plus étendue.

---

1. Les huiles de palme sont fournies par les fruits de plusieurs espèces de palmiers, — par la graine pour la plupart et par le péricarpe pour l'*Elæis guineensis*, sorte de cocotier.

2. Les vins de palme sont fournis par le suc fermenté de la tige de plusieurs espèces de palmiers, notamment des *Borassus* et particulièrement le *Raphia vinifera* ou latanier, des *Phœnix* (tels que les phœnix sylvestris et spinosa), des *Cocos* (tel que le *Mauritia vinifera*), et des cocotiers tel que l'*Elæis guineensis* qui est aussi un palmier à huile).

3. *Rhizophora mangle*, plante dicotylédonée, type de famille, arbre de 15 à 20 mètres de haut, propre aux places maritimes et marécageuses; il offre la particularité singulière que sa graine pousse sur l'arbre, avant de tomber. Il ne fournit que des bois de chauffage et du tan.

4. *Pandanus*, genre d'arbres très voisins des palmiers; les fleurs de certaines espèces sont recherchées comme parfum. Le *pandanus* pousse un chou palmiste (bourgeon terminal); — les feuilles d'autres espèces servent à faire des nattes.

5. L'arbre à laine, bombax ou eriodendron est connu le baobab ou adansonia, de la tribu des Bombacées, famille des sterculiacées, très voisine de celle des malvacées. Ce sont des arbres aux troncs énormes, dont le baobab est le type. Bien que l'on prétende qu'ils ressemblent plutôt à une forêt qu'à un arbre; le diamètre du tronc dépasse 10 mètres, sa hauteur est de 3 à 4 mètres, il est surmonté d'un énorme faisceau de très grosses branches longues de 17 à 20 mètres et dont plusieurs inclinent jusqu'à terre; le fruit connu sous le nom de pain de singe est analogue à celui des cucurbitacées. Adanson attribue aux plus gros de ces arbres un âge de 5 siècles. C'est son fruit desséché et mis en poudre qui constitue le médicament nommé terre sigillée de Lemnos.

6. *Termites*, termès, poux de bois, fourmis blanches, caria ou tarets, insectes névroptères vivant en sociétés innombrables divisés en mâles, femelles, et individus mixtes, les ouvriers et soldats, qui construisent leurs nids, soit suspendus aux arbres, soit élevés en cône sur le sol, jusqu'à 10 et 12 pieds de hauteur: ces nids ressemblent, dit Latreille, aux habitations d'un petit village.

7. Le serpent à lunettes, ou *naja* ou *cobra*, l'un des plus venimeux, et en même temps des plus beaux de couleur; le jaune et le rouge y dominent; la longueur est de 3 ou 4 pieds; il est d'un caractère féroce et hardi; l'effet de son venin mortel est très rapide. C'est à lui surtout que s'adressent les charmeurs de serpents.

8. *Tamarinier des Indes*, arbre assez haut, de la famille des légumineuses, dont la gousse fraîche, dissoute dans l'eau, forme une boisson acidulée très agréable; les Arabes la font confire dans le sucre ou le miel et l'emportent comme provision de voyage.

Les jeunes n'ont pas de jaune au pli de l'aile et à la culotte.

Il est répandu sur une grande partie de l'Afrique : il est très abondant au nord-est, en Abyssinie, Sennar et Kordofan. On l'a observé, en outre, dans le Zanzibar, le Mozambique, le territoire de Damara et à Angola.

Fig. 2. — Perroquet à tête noire.

(PSITTACUS SENEGALUS, L.)

En allemand : *Mohrenkopf* (tête de nègre) ou *Senegal Papagei*. — En anglais : *Senegal Parrot*.

Vert, avec la tête grise; poitrine, ventre et couvertures inférieures des ailes jaune orangé. Bec et pattes noirâtres. Œil jaune vif.

L'Afrique occidentale, de la Sénégambie jusqu'à Angola, est la patrie du perroquet à tête noire.

Fig. 3. — Perroquet Rüppel.

(POICEPHALUS RÜPPELLI, Gray.)

En allemand : *Blaustein Papagei* (perroquet à croupion bleu), *Rüppels Papagei*. — En anglais : *Rüppels Parrot*.

Gris olive; couvertures inférieures des ailes, pli de l'aile et culotte jaunes. Croupion et couvertures inférieures de la queue bleus. Bec et pattes noirâtres. Œil brun rouge.

Le jeune mâle n'a pas de jaune au pli de l'aile et à la culotte; chez la femelle, le croupion et les couvertures inférieures de la queue sont bruns comme le corps.

La patrie du perroquet de Rüppel s'étend à l'ouest de l'Afrique, du sud de la Sénégambie au territoire de Damara; il ne paraît toutefois abonder nulle part.

Fig. 4. — Perroquet Timneh.

(PSITTACUS TIMNEH, Fras.)

En allemand : *Timneh*, *Braunschweinziger Graupapagei* (perroquet gris à queue brune). — En anglais : *Timneh Parrot*.

Gris avec la queue brun rouge. Mandibule supérieure du bec couleur de chair pâle à la base, et gris noir au bout ainsi que la mandibule inférieure.

Ressemble beaucoup au perroquet gris, mais d'une nuance plus foncée, et brun rouge à la queue; le bec n'est pas entièrement noir comme chez ce dernier, mais couleur de chair pâle en dessous et à la base; enfin il s'en distingue encore par une taille plus petite.

Le perroquet Timneh remplace le perroquet gris dans la partie septentrionale de l'ouest de l'Afrique, du Sénégal jusqu'à Libéria. Aussi docile que le Jaco, il est cependant moins recherché comme oiseau de chambre, parce qu'il est d'un moins bel aspect; il arrive aussi plus rarement en Allemagne et en Angleterre. On l'importe plus fréquemment en France, des colonies françaises du Sénégal et de la Gambie. Sous le rapport des mœurs, il ressemble complètement à ceux de sa famille.

Fig. 5. — Le Perroquet gris.

(PSITTACUS ERYTHACUS, Lin.)

En allemand : *Graupapagei* ou *Jako*. — En anglais : *Gray Parrot*.

Gris, même et ses couvertures inférieures et supérieures écarlates. Visage nu et blanc, cire blanche; bec noir. Pattes noirâtres. Œil jaune.

La femelle ne se distingue pas du mâle : le jeune est plus foncé, d'un gris brunâtre, avec l'œil jaune.

Le perroquet gris habite l'Afrique équatoriale, notamment les côtes occidentales; il est très répandu de la Côte-d'Or jusqu'à Benguela et aux îles du Prince et Fernando Po.

Dans l'intérieur, son habitat s'étend jusqu'au cœur du continent, au lac Tchad, au territoire des Niamniam et à la limite occidentale du bassin du Nil blanc. Au contraire, il manque presque complètement dans l'Est. Il est extrêmement abondant sur les côtes du golfe de Guinée, notamment sur les rives, à l'embouchure du Cameroun. A la saison des pluies qui est le printemps de ces pays, il vit par couples, occupé à sa reproduction, dans les forêts épaisses de palmiers à huile; avec son bec puissant, il y taille dans le bois les cavités nécessaires à ses nids. Au temps de la sécheresse, au contraire, les perroquets gris se rassemblent par grandes troupes, recherchant ensemble leur nourriture, volant ensemble à l'eau, et partagent le même lieu de repos. On voit, le soir, des troupes de centaines de ces oiseaux se retirer au sommet des plus grands arbres de la forêt pour prendre le repos de la nuit. La contrée retentit au loin des cris de ces oiseaux qui accourent et se disputent les branches, puis tout se fait avec l'ombre de la nuit; le lendemain matin, le vacarme éclate de nouveau, annonçant le départ de la troupe. Ils vont alors par petits vols, toujours clabaudant, dans l'intérieur des terres, ravager les champs de maïs des nègres; c'est là que la bande pillarde passe la journée, jusqu'à ce que le soir les rassemble et les ramène aux arbres où ils couchent.

Fig. 6. — Le Perroquet Levaillant.

(POICEPHALUS ROBUSTUS, Gm.)

En allemand : *Kap Papagei*, *Levaillant's Papagei*. — En anglais : *Levaillant's Parrot*.

Dos et ailes vert olive foncé; croupion et dessous du corps vert bleu clair. Tête, cou et poitrine brun jaunâtre; sur le front une tache rouge, ou seulement une légère teinte rougeâtre. Bride noire, bord des ailes et culotte couleur de minium. Bec pâle. Pattes noirâtres. Œil variant de l'orange au brun rouge.

La femelle ne se distingue pas du mâle.

Habite le sud de l'Afrique, la Cafrerie et la vallée du Zambèze.

A l'ouest de l'Afrique le perroquet Levaillant est remplacé par une espèce très voisine, le *Psittacus fuscicollis* (Kuhl). — *Braunschöpfiger Papagei* (perroquet à tête brune). Ce dernier a la tête d'une couleur plus grise, la bride d'un noir moins prononcé, et le bec plus foncé.

Fig. 7. — Le Perroquet de Lecomte.

(PSITTACUS GULIELMI, Jard.)

En allemand : *Kongo Papagei*.

Vert. Plumes du dos et couvertures des ailes brun noir, avec bordure verte. Front, pli de l'aile et culotte rouge orangé. Bride noire. Mandibule supérieure couleur de chair pâle à la base, noirâtre à l'extrémité; mandibule inférieure noirâtre aussi. Œil orange.

Une taille plus petite, une tête verte et le bec foncé distinguant à première vue cette espèce des précédentes. Ce perroquet dégénère très fréquemment en rouge; on voit souvent des sujets chez lesquels des plumes rouges se montrent sur tout le corps, mais particulièrement à la tête.

Habite l'Afrique occidentale, de la Côte-d'Or jusqu'à Angola. On le rencontre surtout au Congo en abondance.

Fig. 8. La Perruche noire ou Perruche Vaza.

(Coracopsis Vaza, Shaw.)

En allemand : *Schwarz Papagei* (perroquet noir; *Wasa Papagei*. — En anglais : *Greater Vasa Parrakeet*.

Noir brun, teinté de gris sur les ailes et la queue. Bec couleur de chair; liseré nu de même couleur autour des yeux. Œil brun.

D'après les observations faites jusqu'ici, on croit que cet oiseau n'a le bec blanchâtre qu'au temps des couvées, et qu'après la mue, la couleur en est foncée.

Il habite toute l'île de Madagascar.

Il y a une espèce qui se distingue par une taille moindre; c'est *la petite perruche Vaza* (der *Kleine Vasa*. — *Coracopsis nigra*, L), qui nous arrive souvent aussi vivante.

(Traduction du Dr Hauchecorne, par Pichaux.)

Tab. 7.

PLANCHE VIII.

Perroquets des forêts d'arbres à gomme de l'Australie[1]

Dans le sud de l'Australie et sur la terre de Van-Diémen, on voit apparaître au printemps des troupes innombrables, et semblables à des nuages, de perroquets qui traversent rapidement l'espace en exécutant des évolutions régulières et en poussant des cris étourdissants. Ces migrateurs sont les loris proprement dits (*Pinselzüngler*, qui ont la langue en brosse), ou *Trichoglossus* (*Brachyurinæcæ*, loris à queue conique) ; ils se distinguent par une taille élancée, leur queue en forme conique et leur langue munie à son extrémité de papilles dont ils se servent pour sucer le miel des fleurs. Ils sont donc parfaitement organisés pour vivre dans les régions australiennes, vraiment créés pour ces nombreux arbres ou arbustes dont les fleurs sont pourvues de nectaires et constituent un des caractères les plus remarquables de la végétation de ce pays. Les forêts d'eucalyptus[2] et d'arbres à gomme sont surtout leur véritable domaine. Le voyageur Gould fait une peinture magnifique du tableau que lui offrit un jour l'un de ces arbres de 50 mètres de haut, complètement fleuri : des centaines de loris attirés par les fleurs se régalaient de leur nectar, confondus et en fort bonne intelligence avec d'autres animaux avides comme eux de miel.[?]

En dehors du continent australien et de la terre de Van-Diémen on trouve encore quelques espèces de Trichoglosses dans la Nouvelle-Guinée, la Polynésie, les îles Célèbes et les petites îles de la Sonde.

Fig. 1re. La Perruche à calotte verte.

(TRICHOGLOSSUS CYANOGRAMMICUS, Wagl.)

En allemand : *Breitbinden-Lori* (loris à large collier). — En anglais : *Green-naped Lori*.

La couleur dominante est le vert. La face et les joues sont bleues. Le derrière de la tête et l'occiput sont d'un beau violet avec une teinte de vert. Collier d'un vert jaune sur la nuque. Poitrine écarlate traversée par de larges barres d'un bleu noir. Couvertures inférieures des ailes écarlates.

Les plumes de la cuisse et les couvertures inférieures de la queue sont mêlées de jaune. Les rémiges et les rectrices comme chez la perruche de Swainson. Bec et œil rouges. Pattes noirâtres. Le mâle et la femelle ont les mêmes couleurs.

Habite la Nouvelle-Guinée et beaucoup des autres petites îles voisines, telles qu'Amboine, Céram, Ceramlaut, les îles Arrow et autres.

Fig. 2e. La Perruche de Masséna.

(TRICHOGLOSSUS MASSENÆ, Bonap.)

En allemand : *Schmalbinden Lori* (loris à collier étroit). — En anglais : *Massena's Lorikeet*.

Ressemble beaucoup à la perruche *à face bleue*, seulement le plastron rouge n'a que de très minces stries noires et le collier est vert.

Sa patrie est dans la Nouvelle-Guinée, la Nouvelle-Calédonie, la Nouvelle-Espagne, les îles Salomon et Hébrides.

Une troisième variété, très analogue à ces deux-ci, est le *Loris de Mitchell* (Mitchell's Lori, Trichoglossus Mitchelli, Gray) qui ne se distingue du précédent que par le plastron d'un rouge uniforme sans lignes noires et par son ventre d'un noir violet. — Il habite les Moluques.

Fig. 3e. La Perruche écaillée.

(TRICHOGLOSSUS CHLOROLEPIDOTUS, Kuhl.)

En allemand : *Schuppen Lori*. — En anglais : *Scaly breasted Parrakeet*.

Verte. Les plumes des parties inférieures et celles scapulaires sont jaunes à la base, de sorte que le plumage se trouve mêlé de jaune dans les parties correspondantes du corps. Les couvertures inférieures des ailes sont écarlates.

Bec et œil rouges. Pattes brunes. Rectrices jaunes en dessous avec une mince bordure rouge à la base des barbes inférieures. Les rémiges ont une tache rouge pâle au milieu des barbes inférieures.

Habite la Nouvelle-Galles du Sud.

---

1. La gomme étant la sève descendante des plantes ligneuses, les arbres qui la produisent sont très nombreux : il y en a dans les familles des rosacées, des légumineuses, des térébinthacées, des sapotacées, des hespéridées, etc., etc.; mais on désigne plus spécialement sous le nom d'arbres à gomme les acacias et les eucalyptus (voir la note suivante).

Suivant M. Réveou, les acacias et les eucalyptes composent plus de la moitié des végétaux qu'on rencontre en Australie.

Les grandes forêts australiennes sont situées exclusivement dans les contrées montagneuses de la côte.

2. L'eucalyptus est un arbre de la famille des myrtacées qui atteint souvent des proportions gigantesques ; il en est qui vont jusqu'à 200 pieds de hauteur, c'est-à-dire la taille la plus grande du règne végétal, le platalef a souvent 150 pieds de haut et 25 à 40 pieds de diamètre. Les eucalyptes donnent un bois d'excellente qualité et leur écorce est très propre au tannage; plusieurs espèces contiennent une huile essentielle; enfin, ils donnent encore une gomme résine particulièrement l'eucalyptus résinifera connue dans le commerce sous le nom de gomme-kino. Le genre eucalypte renferme d'ailleurs beaucoup d'espèces.

(Note de la rédaction).

Fig. 4e. La Perruche de Swainson ou Perruche à bouche d'or.

(TRICHOGLOSSUS NOVÆ-HOLLANDIÆ, Gmel.)

En allemand : *Prinzenkopf* (à tête couleur de prune), ou *Allfarblori* (loris de toutes couleurs), ou *Lori von dem blauen Bergen* (loris de la montagne bleue), ou *Gebirgslori* (loris de la montagne). — En anglais : *Swainson's Lorikeet*.

La couleur dominante est le vert; toute la tête et le milieu du ventre sont bleu lilas, la poitrine, orangée sur les côtés, vermillon au milieu. Couvertures inférieures des ailes, vermillon. Collier vert jaunâtre sur la nuque.

Les plumes de la cuisse et les couvertures inférieures de la queue sont mêlées de jaune. Les côtés du ventre sont mêlés de rouge et de bleu. Les barbes intérieures des rectrices sont jaunes. Tache jaune pâle au milieu des barbes internes des rémiges. Bec rouge; œil orange; pattes brunâtres.

Sa patrie comprend toute l'Australie, mais plus particulièrement le Sud et la terre de Van-Diémen ; c'est de tous les loris celui qui arrive le plus souvent vivant en Europe, et il a été bien des fois élevé en captivité.

Fig. 5e. La Perruche à collier rouge.

(TRICHOGLOSSUS RUBRITORQUATUS (Vig. et Horsf.)

En allemand : *Rothnacken Lori* (même sens). — En anglais : *Red-naped Lory* (même sens).

Le dos, les ailes et la queue sont verts. La tête est bleue. Sur la nuque un collier rouge de minium et, au-dessous, un second collier bleu plus large. Plastron rouge de minium. Ventre noir verdâtre. Couvertures inférieures des ailes et flancs couleur de vermillon.

Plumage de la jambe et couvertures inférieures de la queue mêlées de vert et de jaune; le collier bleu de la nuque est mêlé de rouge. Rectrices et rémiges comme chez la perruche de Swainson. Bec et œil rouges. Pattes noirâtres.

Habite le nord de l'Australie.

Fig. 6e. La Perruche à face bleue.

(TRICHOGLOSSUS HÆMATODUS, Lin.)

En allemand : *Blauwangen Lori* (même sens). — En anglais : *Blue faced Lorikeet* (même sens).

Couleur dominante : vert. Le devant de la tête et la face sont bleus. Collier jaune verdâtre sur la nuque. Plastron orangé. Ventre vert foncé. Couvertures inférieures des ailes rouge minium.

Plumage de la jambe et couvertures inférieures de la queue mêlés de jaune. Bec rouge minium. Œil de la couleur orangée jusqu'au brun rouge. Patte grise. Rémiges et rectrices de même couleur que chez la perruche de Swainson.

On ne lui connaît d'autre séjour que les îles Samoa et Timor.

Fig. 7e. La Perruche ornée.

(TRICHOGLOSSUS ORNATUS, Lin.)

En allemand : *Schmuck Lori* (même sens). — En anglais : *Ornamental Lori* (même sens).

Le vert est la couleur dominante. Le dessus de la tête et l'ouïe sont bleu foncé; tache jaune vif au-dessous de l'ouïe. Derrière de la tête, joues, gorge et poitrine écarlates ; raies transversales bleues noires sur la poitrine. Couvertures inférieures des ailes et flancs, jaune vif.

La couleur dominante du ventre et de la nuque est le vert mêlé de jaune. Rémiges d'un noir uni. Rectrices rouges à la base et jusqu'à moitié des barbes intérieures, jaune verdâtre à la pointe. Bec rouge.

Cette espèce se distingue de toutes les précédentes par une queue plus courte. Elle habite exclusivement l'île Célèbes, autant du moins qu'on le sait jusqu'ici.

(Traduction du Dr Reichenow, par Faucheux.)

PLANCHE IX.

Perroquets du rivage du fleuve des Amazones.

Le soleil et l'eau sont les deux éléments auxquels tout organisme doit sur la terre sa naissance et son entretien. Là où ils se réunissent en proportions convenables, ils communiquent à la flore et à la faune une exubérance et une variété extrêmes. Cette coopération de la chaleur et de l'eau est aussi complète que possible dans les régions tropicales de l'Amérique; aussi est-ce sur les bords du fleuve des Amazones et de l'Orénoque que l'on voit la végétation des tropiques étaler toute sa splendeur. Ces cours d'eau magnifiques sont enfermés dans d'épaisses forêts où la richesse des formes rivalise avec l'éclat du feuillage; toutes les nuances s'offrent aux regards: du vert le plus foncé au rouge le plus ardent. Les géants formidables de la forêt cachent sous leurs ombres un taillis épais de fougères arborescentes ou d'innombrables guirlandes de lianes, minces aussi mais aussi fortes que des fils, tandis aussi fortes que des broussailles, semblent tout enlacer comme dans un épais filet. Une végétation luxuriante cache entièrement le sol sous les herbes, et les troncs décomposés des vieux arbres se recouvrent d'orchidées. En harmonie avec cette végétation grandiose, le monde des oiseaux s'y montre sous ses aspects les plus merveilleux. C'est là qu'est la patrie des Aras, les plus grands, les plus imposants des perroquets. Leurs troupes y circulent dans les profondeurs du ciel bleu, volant avec leurs cris éclatants vers quelque champ de maïs éloigné, où ils vont chercher le régal des graines en maturité. Instruits par les pièges que leur tendent les chasseurs indigènes, ces oiseaux rusés ont soin, dès qu'ils arrivent au champ, de poster des sentinelles sur les arbres voisins. Dès lors les cris rauques, le vacarme incessant du tout à l'heure s'éteignent petit à petit; à peine entend-on par-ci par là quelque gloussement social: chacun est tout à son régal délicieux. Quelque danger semble-t-il menacer la troupe pillarde, la sentinelle fait entendre aussitôt un appel adouci, et chacun des heureux convives répond par un cri demi-étouffé que l'avis est entendu. Si du faîte de son poste le factionnaire lance un cri retentissant, c'est l'annonce d'un danger sérieux; en un clin d'œil toute la bande des pillards s'élève du champ de maïs en poussant des clameurs sauvages, et cherche son salut dans une fuite rapide.

Les Indiens chassent activement les Aras pour la beauté de leur plumage; ils les tiennent aussi en captivité et les accoutument même, en les dressant quand ils sont jeunes, à revenir à eux une fois lâchés.

Fig. 1ᵉʳ. L'Ara gris bleu.

(SITTACE GLAUCA, Vieill.)

En allemand: *Blauwara* (ara-bleu), ou *Kleiner blauer Arara* (petit ara bleu). — En anglais: *Glaucous Macaw.*

Gris bleu verdâtre. Tour des yeux nu, place nue et jaune au-dessous du bec, lequel est noir avec la pointe plus claire. Pattes noires. Œil brun foncé.

La femelle ressemble au mâle, comme chez tous les Aras.

L'Ara gris bleu habite le sud du Brésil, le Paraguay et l'Uruguay.

Fig. 2. L'Ara hyacinthe.

(SITTACE HYACINTHINA, Lath.)

En allemand: *Hyacinth Arara*, ou *Hyacinthblauer Arara.* — En anglais: *Hyacinthine Macaw.*

Bleu de cobalt. Tour de l'œil jaune d'or ainsi qu'une large bordure à la mandibule inférieure. Pattes noirâtres. Bec noirâtre avec la pointe plus claire. Œil brun foncé.

C'est le plus grand de tous les perroquets; il remplace l'Ara gris bleu dans le nord du Brésil et habite particulièrement les rives du fleuve des Amazones et du Rio San Francisco. Il vit par paires; on ne l'a pas trouvé rassemblé en troupes comme les autres Aras.

Fig. 3. L'Ara à front châtain.

(SITTACE SEVERA, L.)

En allemand: *Zwerg Arara* (ara nain), ou *Anakan.* — En anglais: *Small Macaw*, ou *Brown fronted Macaw.* — Chez les Brésiliens: *Anakan.* — A la Nouvelle-Grenade: *Tschesseka.*

Vert. Tête rougeâtre de lumière. Bandeau au front, lorsqu'on les jours et sous le menton d'un brun rougeâtre foncé; petites couvertures inférieures des ailes rouges le long de la main. Rémiges primaires et grandes couvertures de la main bleues. Rectrices brunes avec la pointe bleue. Rémiges et rectrices sont brun rouge en dessous. Bec et pattes noirs. Iris jaune.

La patrie de l'Ara à front châtain s'étend sur le Brésil, la Bolivie et le Pérou, du 19ᵉ degré de latitude sud jusqu'à Panama.

Fig. 4. L'Ara aux ailes vertes.

(SITTACE CHLOROPTERA, Gray.)

En allemand: *Grünflügel Arara*, ou *Dunkelrother Arara* (ara rouge foncé). — En anglais: *Red and yellow Macaw.*

Écarlate foncé. Rémiges, couvertures de la main, croupion, couvertures inférieures et supérieures de la queue, et pointes des rectrices, bleu clair; grandes couvertures supérieures de l'aile, jusqu'aux couvertures de l'épaule, vert olive. Mandibule supérieure couleur de corne, tache triangulaire noire à la base de la mandibule inférieure, laquelle est noire. Pattes noirâtres. Joues couleur de bleu blanchâtre, garnies de quelques rangées de plumes rouges. Œil jaune paille.

Chez les jeunes oiseaux le plumage est rouge brun, les plumes vertes des couvertures ont des bordures brunâtres et jaunâtres, la tache et les plumes rouges de la nuque sont bordées de vert clair.

L'habitat de l'Ara aux ailes vertes s'étend du sud du Brésil et de la Bolivie jusqu'à Panama. Il s'étend encore plus loin vers le sud jusqu'au 18e degré et un peu plus au nord, comme celui de l'Ara macao. Il habite aussi bien les hauts plateaux arides de l'intérieur que les épaisseurs des grandes forêts sur les côtes et les rives des fleuves, ainsi que les régions où les bois alternent avec les plaines; on l'a trouvé jusque sur les monts rocheux.

Fig. 5. L'Ara rouge ou Ara macao.

(SITTACE MACAO, L.)

En allemand: *Aracanga* ou *Hellrother Arara*. — En anglais: *Red* ou *Blue Macaw*.

Écarlate. Rémiges et couvertures moyennes, croupion, couvertures intérieures de la queue et pointes des rectrices bleu clair; grandes et petites couvertures de l'aile jaune d'or, avec la pointe verte.

Mandibule supérieure couleur de corne, tache triangulaire noire à la base de la mandibule inférieure qui est noire. Pattes noirâtres. Joues nues, couleur de chair pâle, souvent d'un blanc pur. Iris jaune vif.

Très souvent en captivité cet oiseau dégénère en jaune; le rouge du plumage se mélange de jaune, surtout sur le dos.

La patrie de l'Ara macao s'étend du nord du Brésil et de la Bolivie sur l'Amérique centrale jusqu'au Guatémala.

L'Ara tricolore (Sittace tricolor, ou en allemand, der Kleine aracanga) est très analogue à celui-ci; il a seulement la joue jaune d'or et est d'un tiers plus petit. On ne l'a trouvé jusqu'ici qu'à Cuba.

Fig. 6. L'Ara à joues rouges.

(SITTACE MARACANA, Vieill.)

En allemand: *Maracana*, ou *Rothrückiger Arara* (ara à dos rouge). — En anglais: *Illiger's Macaw*.

Vert. Tête bleuâtre; rémiges et grandes couvertures bleues. Rectrices brun rouge avec la pointe bleue; front rouge; taches de même couleur sur le dos et sur le ventre.

Rectrices et rémiges d'un jaune sale en dessous. Pattes couleur de chair brunâtre; iris brun rouge; les narines. Joue nue, couleur de chair jaunâtre. Chez la femelle le rouge du front et celui du ventre sont un peu moins étendus.
Sa patrie est le Brésil, le Paraguay et le Pérou.

Fig. 7. L'Ara à nuque d'or.

(SITTACE AURICOLLIS, Cass.)

En allemand: *Goldnacken Arara*. — En anglais: *Goldennaped Macaw*.

Vert. Devant de la tête brun noir; rémiges et grandes couvertures bleues; rectrices brun rouge avec la pointe bleue; collier jaune d'or sur la nuque. Pattes brun jaune. bec noir brun. Iris brun rouge. Joue nue, couleur de chair jaunâtre. Rémiges et rectrices jaunes en dessous.
Cet Ara, très rare en captivité, habite, autant qu'on le peut savoir jusqu'ici, le sud du Brésil, la Bolivie et le Paraguay.

(Traduction du Dr REICHENOW, par FAUCHEUX.)

Tab. 5.

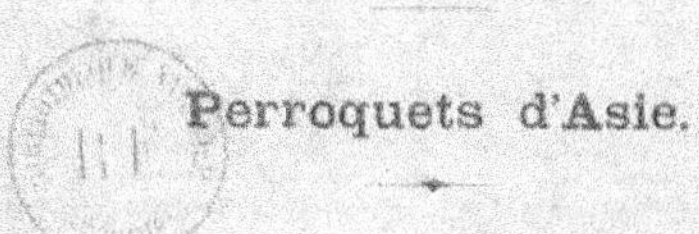

Perroquets d'Asie.

Les *Palæornis* sont les seuls perroquets qui aient le continent asiatique pour habitation; on y trouve bien aussi, dans l'Inde, *la perruche chauve-souris (Ps. galgulus indicus, etc...)*, mais on doit l'y regarder comme une étrangère, et, si la presqu'île de Malacca abrite aussi *la perruche à tête bleue (ou à épaulettes rouges, — Psittacus vacerius)*, c'est que, d'après la géologie, il faut considérer cette contrée non comme un continent véritable, mais comme une dépendance du groupe des îles de la Sonde; sa faune même montre qu'autrefois elle en a fait partie, et, elle offre encore aujourd'hui les plus grandes analogies zoologiques avec ces îles.

Les Palæornis parfaitement caractérisés par leurs formes comme par leurs couleurs, offrent un groupe très nettement circonscrit et facile à reconnaître. Les plus alertes quand ils volent ou quand ils grimpent, ils sont, au contraire, maladroits sur le sol. Leur vol est d'une rapidité impétueuse; ils se plaisent à se réunir fréquemment par grandes troupes pour exécuter, comme nos pigeons domestiques, des évolutions régulières. On les entretient souvent en captivité dans leur pays; la plupart du temps enchaînés à une cheville devant les huttes des indigènes. Ils ne sont pas rares non plus sur notre marché d'oiseaux.

Nous avons déjà parlé de l'extension des Palæornis, dans le texte de la planche V du présent ouvrage : ce qui va suivre en est le complément.

Fig. 1re. Palæornis à tête grise.

En allemand : *Graukopfsittich* (même sens). — *Palæornis canireps* (Blyth.) — En anglais : *Grey-headed Parrakeet*.

D'un vert jaunâtre. Tête grise, bleuâtre en dessus. Large raie noire sur le front jusqu'à l'œil. Autre large barre de même couleur sous le bec et la joue. Queue jaune en dessous.

La mandibule supérieure est rouge, l'inférieure noirâtre, les pattes brun gris, l'œil jaune.

Chez la femelle, le bec tout entier est noir.

On ne l'a encore trouvé jusqu'à présent qu'aux îles Nicobar.

Fig. 2e. Perruche à joues roses

En allemand : *Rothwangensittich* (même sens), *Palæornis erythrogenys* (Blyth). — En anglais : *Red-cheeked Parrakeet*.

Verte. Nuque pâle, presque grise : côtés de la tête rouges. Une raie mince court des narines à l'œil; une autre noire et plus large passe sous le bec et les joues.

Les plumes de la main (rémiges primaires) ont les barbes internes noires et les externes bleues, les couvertures correspondantes des ailes et celles inférieures de la queue sont bleues. La mandibule supérieure du bec est rouge, l'inférieure noirâtre. Les pattes sont brun gris, l'œil jaune.

Elle habite les îles Nicobar.

Fig. 3e. La Perruche colomboïde ou de Malabar.

(*Palæornis columboïdes*, Finsch.)

En allemand : *Taubensittich* (perruche-colombe). — En anglais : *Malabar Parrakeet*.

Tête, cou, scapulaires et dessous du corps, gris cendré; tour des yeux, ventre et dessous de la queue vert clair, première collier noir, un autre plus large au-dessous, vert de mer. Croupion vert bleu. Épaules et couvertures des ailes vert foncé; les dernières avec une bordure plus claire.

Les rémiges ont les barbes extérieures bleues et les intérieures noires. Les rectrices intermédiaires sont bleues avec la pointe d'un jaune blanc; les autres ont les barbes externes vert bleu, et les internes jaunes ainsi que la pointe; toutes sont jaunes en dessous. La mandibule supérieure du bec est rouge, l'inférieure noirâtre. Les pattes sont d'un brun gris, l'œil jaune clair. Liseré nu et blanc autour de l'œil.

Chez les jeunes sujets, la tête et la gorge sont gris, le dos et les ailes vert près, le croupion bleuâtre, le dessous d'un vert pâle. Le bec est noir.

Elle habite les côtes de l'Inde.

Fig. 4e. La Perruche d'Hudgson.

(*Palæornis Hodgsoni*, Finsch.)

En allemand : *Schwarzkopfsittich* (perruque à tête noire). — En anglais : *Black-headed Parrakeet, Hodgson's Parrakeet*.

Verte. Tête grise, ardoisée, noirâtre, barre noire sous le menton. Nuque vert bleu clair. Petite tache rouge brun sur les épaules.

Les rectrices intermédiaires sont vertes à la base, bleu clair au milieu et jaunes à la pointe; les autres sont vertes avec les barbes intérieures et la pointe jaunes; toutes sont jaunes en dessous. Bec rouge; mandibule inférieure plus pâle.

La femelle a la tête d'une nuance plus pâle; le jeune est d'un vert uniforme, les côtés de la tête seuls tirent sur le gris. Les rectrices ont la pointe jaune et une bordure intérieure de même couleur; le bec est jaune.

Cette perruche habite les côtes de l'Inde et le nord jusqu'à l'Himalaya.

Une espèce voisine se rencontre à Tenasserim (*Palæornis*

Finschi) ; elle a la tête plus claire et les deux rectrices intermédiaires bleues à la base, blanc jaunâtre à l'extrémité.

Fig. 5a. Le Perroquet de Burmah.

(Palæornis rosa, Bodd.)

En allemand ; *Burmasittich*, — En anglais : *Bay Parrakeet, Burmah Parrakeet.*

Vert jaunâtre. Tête rose avec une teinte bleuâtre au sommet. Un mince collier noir, qui s'élargit à la naissance du bec, termine la tête en dessous. Une petite tache rouge brun sur l'épaule. Couverture inférieure des ailes, verte.

Les deux rectrices intermédiaires sont bleu clair, avec une pointe blanchâtre ; les autres ont les barbes externes vert bleu clair, et les internes jaunes ainsi que la pointe ; toutes sont jaunes en dessous. Mandibule supérieure du bec rouge jaune, l'inférieure noirâtre. Pattes brun gris ; iris jaune.

La femelle a la tête vert bleuâtre. Cette espèce qui ressemble beaucoup à la *perruche à tête bleue* (ou *à tête rose* — *Berrelsittich*), s'en distingue aisément par la teinte rose plus claire de la tête et par les couvertures inférieures des ailes qui sont vertes au lieu de vert bleu.

Habite le fond de l'Inde, Burmah et le sud de la Chine.

Fig. 6a. Perruche à queue bleue.

(Palæornis calthropæ, Lay.)

En allemand : *Blauschwanzsittich* (même sens).

Tête d'un gris bleu ; front et tour de l'œil d'un vert vif. Collier de même couleur. Ailes et dessous verts. Dos gris bleu ; scapulaires plus pâles.

Les plumes de la queue sont d'un violet gris avec la pointe jaune verdâtre ; les rémiges latérales ont les barbes intérieures jaunes ; toutes sont jaunes en dessous. Les petites couvertures des ailes sont d'un violet intense. Le bec est rouge ; les pattes noirâtres, l'œil jaune.

La femelle a le bec noir. Le jeune est d'un vert uni, bleuâtre sur le croupion, et le bec noir.

Habite Ceylan.

Fig. 7a. Perruche à moustaches.

(Palæornis fasciatus, Müll.)

En allemand : *Bartsittich* (perruque à barbe).

La femelle. (Voir la planche V, fig. 4, du présent ouvrage) (*Vogelbilder*).

(*Traduction du Dr* Reichenow, *par* Fauchaux.)

PLANCHE XI.

Perroquets de la Nouvelle-Guinée.

La Nouvelle-Guinée est la terre qui offre le plus grand nombre d'espèces de perroquets. À l'exception du genre *Euphema* (Grassittich) à qui ces îles boisées ne conviennent point, elle possède des représentants de toutes les espèces propres à la région australienne, depuis celles de la plus forte taille, comme le *Microglosse* noir (*Arara kakatu*), jusqu'aux nains les plus petits comme les *Perruches-pies* (*Spechtpapagei*). Les *Trichoglosses* (*Keilschwanz Lori*) et leurs proches voisins, les *Domicella* (*Stumpfschwanz Lori*) s'y rencontrent en variétés nombreuses. L'*Eclectus* magnifique (*Edelpapagei*) y vit par paires ou par petites familles dans ces forêts épaisses d'une exubérance indescriptible, aux ombrages luxuriants et impénétrables où s'entremêlent les palmiers, les bois de fer[1], les casuarines[2], les jacquiers[3] et les figuiers. Les perruches chauves-souris (*Coryllis*), s'y bercent suspendues aux branches et le *Tanygnatha* (*Schnabelpapagei*) s'élance en gazouillant au-dessus des bois. C'est là aussi que nous allons pour la première fois apprendre à connaître le perroquet Geoffroy (*Geoffroyus*, *Rothkopf*), espèce toute particulière dont la place dans les classifications offre encore des difficultés.

Fig. 1er. Lori à nuque bleue.

(DOMICELLA CYANOGENYS, Müll.)

En allemand : *Blaunacken Lori* (même sens). — En anglais : *Blue-naped lory*.

Dessus de la tête noir. Côtés de la tête, devant du cou, poitrine, dos, croupion et couvertures supérieures de la queue écarlates. Ventre, couvertures inférieures des ailes et de la queue, collier, bleus; mince bande de même couleur sur le dos. Flancs mêlés de rouge. Ailes vertes avec une teinte olive sur les épaules. Barbes internes des rémiges jaune vif à la base; rectrices écarlates à la base, bleu foncé à la pointe, jaune olive en dessous. Bec rouge jaune. Œil orange. Pattes noires.

Habite Misor; on ne lui connaît pas de domaine plus étendu.

Fig. 2. Lori à scapulaire bleu.

(DOMICELLA LORI, Linn.)

En allemand : *Rothmantel Lori* (lori à nuque rouge). — En anglais : *Blue-tailed lory*.

Dessus de la tête noir; côtés de la tête, collier sur la nuque, dos, couvertures supérieures de la queue, devant du cou, flancs et couvertures inférieures des ailes, écarlates. Barbe bleue sur la poitrine, milieu de l'abdomen, scapulaires et couvertures inférieures de la queue de la même couleur. Ailes vertes avec une teinte jaune olive sur les épaules. Barbes internes des rémiges jaunes à la base. Rectrices écarlates à la base, bleu foncé à l'extrémité, jaune olive en dessous et au bout. Bec rouge jaune. Œil orange. Pattes noires.

Habite la Nouvelle-Guinée et quelques-unes des îles voisines.

Fig. 3 et 4. Lori de la Nouvelle-Guinée.

(ECLECTUS POLYCHLORUS, Scop.)

En allemand : *Edelpapagei* (perroquet noble). — En anglais : *Red-sided Eclectus*.

Le mâle est vert, avec les flancs et les couvertures inférieures des ailes écarlates. Le bord des ailes est bleu clair. Les rectrices sont teintées de bleu en dessus, noires en dessous avec une bordure jaune à la pointe. Les plumes de la main (rémiges primaires), et leurs couvertures (grandes couvertures) ont les barbes externes bleu foncé et les internes noires. La mandibule supérieure du bec est couleur de chair rougeâtre; l'inférieure est noire. L'œil est rouge orangé; les pattes noirâtres.

La femelle a la tête, le cou et la poitrine écarlates. Les ailes, le dos, la queue et le croupion rouge cerise. Les rectrices sont rouge clair à la pointe. Le ventre, les couvertures

---

1. En Amérique, en Afrique et en Asie, on donne le nom de bois de fer à dix bois très durs et très pesants, fournis par des arbres de familles fort diverses. On peut citer notamment, pour la région des îles Moluques : le *Metrosideros* (famille des myrtacées); — le *Nepless* (famille des guttifères); — le *Hoat* (famille des légumineuses).

2. La Casuarine est une plante de la famille des conifères dont Jussieu avait même fait un genre voisin de celui des Ifs.

3. Le Jacquier est un arbre à pain de la famille des artocarpées (la même que celle des figuiers). Peu d'arbres offrent à l'homme autant de ressources. Son fruit, qui est un syncarpe (un fruit multiple) criblé de 8 décimètres de diamètre, ses racines avant sa maturité parfaite : dans cet état, on le cuit pour le manger en guise de pain; il est employé à cet usage pendant huit mois de l'année, et il est si abondant que 8 ou 4 jacquiers peuvent suffire à la nourriture d'un homme. À l'état de maturité, il fournit une sorte de confiture qui produit la nourriture des 4 autres mois. — Le bois de l'arbre sert à la construction des habitations et des pirogues; les fibres de son liber constituent une matière textile; — ses feuilles, qui ont jusqu'à 1 mètre de long sur 0,50 centimètres de large, servent d'enveloppes. — Le suc abondant que l'on en retire par incision donne une glu employée pour la chasse; enfin, tous ses chatons mâles servent d'amadou.

Voilà une plante dont l'acclimatation serait bien désirable! *(Note du traducteur.)*

inférieures des ailes, sont bleues ; le bord des ailes, une barre sur le dos et un petit liseré autour de l'œil sont de même couleur. Les plumes de la main (rémiges primaires) et leurs couvertures ont les barbes externes bleues et les internes noires. Bec noir, œil orangé. Pattes noirâtres.

Ce perroquet habite la Nouvelle-Guinée, la Nouvelle-Irlande, le Nouveau-Hanovre, la Nouvelle-Espagne, les îles Salomon, du duc d'York, Arrou, et autres petites îles voisines.

Fig. 5e.   Le Lori noir.

(CHALCOPSITTACUS ATER, Scop.)

En allemand : *Trauer-Lori* (lori en deuil). — En anglais : *Black Lori.*

D'un noir brillant offrant sous une certaine lumière, des reflets d'un brun pourpré. Croupion et couvertures de la queue bleu noir. Rectrices rouges en dessous, avec la pointe jaune. Bec et pattes noirâtres, liseré un de même couleur autour de l'œil qui est orangé.

Le noir du plumage est quelquefois mêlé de jaune.

Ce bel oiseau n'a pas encore été importé vivant en Allemagne. Il habite la Nouvelle-Guinée et quelques-unes des petites îles voisines.

Fig. 6e.   Le Perroquet à bec rouge.

(TANYGNATHUS MEGALORHYNCHUS, Gold.)

En allemand : *Schwarzschulter Papagei* (perroquet à épaulettes noires). — En anglais : *Great Billed Parrakeet.*

Vert, jaunâtre en dessous, bleu ciel sur le dos, côtés de l'œil jaunes. Couvertures des ailes bleu clair ou vert bleu ; les moyennes ont une tache noire au milieu et une bordure jaune ; les petites sont entièrement noires. Couvertures inférieures des ailes jaunes. Rémiges vert bleu avec les barbes internes noires. Queue verte et jaune à la pointe, jaune olive en dessous. Bec rougeâtre corail ; la pointe plus claire. Pattes brunâtres. Iris jaune clair.

Habite la Nouvelle-Guinée, Obi, Waïgiou, Tidor, et autres petites îles voisines de la première.

Fig. 7e.   Le Perroquet Geoffroy.

(GEOFFROYUS PUCHERANI, Bp.)

En allemand : *Blutbürzel Papagei* (perroquet à croupion rouge sang). — En anglais : *Pucheran's Parrakeet.*

Vert. Dessus et derrière de la tête bleu violet clair ; front, côtés de la tête et gorge rouges. Croupion rouge cerise. Couvertures inférieures des ailes bleu clair. Mandibule supérieure du bec rouge ; inférieure, noire ; cire et pattes de même couleur. Œil jaune.

Habite la Nouvelle-Guinée et quelques-unes des îles voisines : Doré, Waïgiou, etc.

La femelle et l'oiseau jeune ont le devant de la tête, les joues et la gorge d'un brun olive. Les deux mandibules, supérieure et inférieure sont noires.

(Traduction du Dr REICHENOW, par FAUCHEUX.)

Tab. II.

Les Cacatoès-Corbeaux.

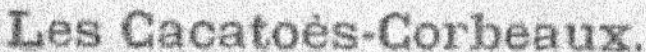

Le groupe des Cacatoès-Corbeaux ou Cacatoès à longue queue (Langschwanz oder Rabenkakadu), d'un habitat moins étendu, et moins riche en espèces que le groupe des Cacatoès véritables, au plumage d'une blancheur caractéristique, s'en distingue encore bien nettement par la couleur noire de la robe. Ils ne sont pas non plus aussi sociables que les Cacatoès blancs; ils vivent cependant par petites troupes, et se réunissent en quelques couples pour nicher dans le tronc creusé des arbres géants de la forêt. Leur nourriture consiste en fruits huileux, et, en même temps en insectes, surtout à l'état de larves, qu'ils chassent en rongeant l'écorce ou le liber des arbres.

Leur habitat, autant qu'on le connaît jusqu'ici, comprend le continent australien et la terre de Van-Diémen. Une seule espèce, particulièrement remarquable, habite la Nouvelle-Guinée : le Microglosse à trompe (Arakakadu). Nous connaissons actuellement 7 espèces de ces Cacatoès; notre planche représente les plus remarquables : elle figure, en outre, le Cacatoès rosalbin (rosa Kakadu) qui appartient au groupe des Cacatoès véritables, malgré de notables différences dans ses formes et ses couleurs (Pour les soins en captivité, voir les *Gefangenvögel* de Brehm, vol. 1er, pages 202 et 4).

Fig. 1er. Cacatoès à tête brune.

(CALYPTORHYNCHUS SOLANDRI, Temm.)

En allemand : *Braunköpfiger Raben-Kakadu* (même sens). — En anglais : *Solander's Cockatoo.*

D'un noir brun à reflets verts. Tête et cou bruns. Large barre rouge sur la queue. Bec gris pâle. Œil brun foncé, pattes noirâtres.

Chez l'oiseau jeune, la barre rouge de la queue est traversée par une barre noire, les oreilles et la poitrine sont tachées de jaune.

Habite le sud de l'Australie.

Fig. 2. Le Banksien à tête rouge.

(CALYPTORHYNCHUS BANKSII, Lath.)

En allemand : *Helm-Kakadu* (cacatoès à casque). — En anglais : *Banks Cockatoo* ou *Gang-gang Cockatoo.*

Noir ardoisé avec bordures d'un gris blanc aux plumes. Tête et huppe rouges. Les plumes du bras (rémiges secondaires), et leurs couvertures (couvertures moyennes), ont une bordure extérieure verdâtre. Bec jaune pâle. Pattes noirâtres. Œil brun foncé.

L'oiseau jeune est barré sous le corps de rouge de minium; il a la tête et la huppe d'un noir gris.

Le Banksien à tête rouge habite le sud de l'Australie, la terre de Van-Diémen, et les îles du détroit de Bass.

Fig. 3. Le Cacatoès rosalbin.

(PSITTOLOPHUS ROSEICAPILLUS, Vieillot.)

En allemand : *Rosa Kakadu* (même sens). — En anglais : *Roseate Cockatoo* ou *Rose Cockatoo.*

Gris cendré; croupion gris blanc; huppe rose pâle. Tête, cou, poitrine et ventre roses. Les grandes couvertures inférieures des ailes noir gris; les moyennes, roses. Le tour des yeux est nu et blanchâtre. Bec gris blanc, mandibule supérieure gris de corne à la base. Pattes gris rougeâtre. Œil brun rouge.

Habite l'Australie, à l'exception de la partie occidentale.

Fig. 4. Le Cacatoès à oreilles jaunes.

(CALYPTORHYNCHUS FUNEREUS, Shaw.)

En allemand : *Gelbohr-Kakadu* (même sens). — En anglais : *Funeral Cockatoo* ou *Yellow-eared black Cockatoo.*

Noir brun avec une grande tache jaune sur l'oreille, et une large barre jaune de soufre sur la queue, qui est barrée et tachée de gris. Bec jaune blanc, gris à la pointe. Pattes d'une couleur brunâtre pâle. Œil brun noir.

Le jeune a les plumes du dessous bordées de jaune olive, celles du dessus de brun pâle. — Les barres de la queue sont rayées et pointillées de noir.

Habite le sud de l'Australie et la terre de Van-Diémen.

Fig. 5°. L'Ara noir à trompe ou Microglosse noir.

(Microglossus aterrimus, Gm.)

En allemand : *Arara Kakadu* (cacatoès ara). — En anglais :
Great black Cockatoo ou *Great palm Cockatoo*.

Complètement noir, poudré de gris. Huppe élevée qu'il porte
ordinairement rabaissée, mais qu'il dresse dans les moments
d'émotion. Les joues nues sont de la couleur de la peau,
mais quand l'oiseau est ému, elles deviennent d'un rouge de
sang comme le représente la figure. L'œil est brun foncé.

Ce Cacatoès caractéristique qui semble comme un intermédiaire de ce groupe à celui des Aras de l'Amérique, habite
la Nouvelle-Guinée, les îles Aru et Waigiou ; il nous arrive
très rarement en vie.

Fig. 6° et 7°. Le Banksien austral.

(Calyptorhynchus Banksi, Lath.)

En allemand : *Langschwanz Kakadu* (cacatoès à longue
queue). — En anglais : *Banksian Cockatoo*.

Noir, avec une large barre rouge sur la queue. Bec gris
noir, mandibule inférieure plus claire. Pattes noirâtres.
Œil brun foncé.
Chez le jeune, la huppe, les joues et les couvertures des
ailes sont tachées de jaune pâle. Le dessous est barré de jaune
fauve. La barre de la queue est jaune, marbrée et rayée
de noir.
La Nouvelle-Galles du Sud est la patrie de ce perroquet, qui
est celui des Cacatoès-Corbeau qui nous arrive en vie le plus
fréquemment.

(*Traduction du Dr* Reichenow, *par* Faucheux.)

Tab 12

PLANCHE XIII.

Perroquets à queue courte.

Outre les perroquets amazones décrits dans notre planche Ire, les tropiques d'Amérique renferment encore plusieurs espèces de perroquets à queue courte qui, dans l'ensemble de leur port, ont assez d'analogies pour qu'on ait, peu exercé, souvent assez de peine à les distinguer l'un de l'autre. Un examen plus attentif fait apercevoir, dans leurs formes et surtout dans leurs mœurs, des différences si extraordinaires qu'il est plus aisé au savant de reconnaître en eux la distinction du genre que de fixer les propriétés communes de l'espèce. Tous les perroquets à queue tronquée, qui comprennent [illegible] espèces américaines, savoir : les *Caïques*, les *Pionias*, les *Dérotypes*, [illegible], *Caïca* et *Triclaria*, et une africaine, les *Poicephalus*, sont des oiseaux qui aiment beaucoup à vivre en société; à certaines époques de l'année, ils se rassemblent en grandes troupes pour parcourir les contrées où de riches récoltes les attendent. Cette disposition à voyager se reflète dans la structure de leurs ailes qui sont pointues et a valu à ces oiseaux le nom de perroquets à longues ailes (*Langflügelpapageien*), ou mieux de perroquets à ailes pointues (*Spitzflügelpapageien*). Les espèces les plus fortes, notamment les Pionias, sont peu agiles; ce sont des perroquets lourds, malhabiles à grimper, mais volant d'autant mieux; malgré l'apparence massive de leurs corps, ils parcourent avec légèreté de très grands espaces. Les figures 4, 6 et 7 montrent des représentants du groupe des *Pionias*. Les petites races sont essentiellement différentes de celles-ci par leurs manières vives et remuantes, on les réunit dans le genre *Caïca*, représenté par les nos 1 à 3 de notre planche. Plus habiles à courir et à grimper que leurs compatriotes de plus grande taille, ils rappellent plutôt, par leur mobilité, les familles africaines. Ils se distinguent d'ailleurs des *Pionias* par des ailes larges, des tarses plus grêles, et la nature de leurs couleurs. Une 3e espèce est encore représentée ici, par un seul sujet, le Perroquet maillé, caractérisé suffisamment par une queue plus large et un plumage particulier.

Fig. 1re. Perroquet à ventre blanc.

(Caica leucogaster.)

En allemand : *Weissbauch Papagei*. — En anglais : *White-bellied Caique*.

Dos, ailes et queue vert. Dessus de la tête et nuque isabelle. Côtés de la tête, gorge, croupion et couvertures inférieures de la queue jaunes, poitrine et ventre d'un blanc jaunâtre, flancs verts.

Le bec est blanchâtre, l'œil jaune, les pattes brun jaunâtre.

La patrie de cet oiseau qu'on voit rarement en captivité, est le Brésil, particulièrement la partie septentrionale.

Fig. 2. Perroquet maipouri.

(Caica melanocephala L.)

En allemand : *Grünzügel Papagei* (perroquet à bride verte). — En anglais : *Black-headed Caique* (caïque à tête noire).

Dos, ailes et queue vert. La bride est de même couleur, et se continue en une fine ligne sous l'œil. Le dessus de la tête est noir. Côtés de la tête et devant du cou, jaune clair; croupion et cuisses jaune vif. Poitrine et ventre blanc jaunâtre. Nuque brun isabelle.

Bec et pattes noirâtres. Œil brun foncé, bord nu et gris noir autour de l'œil.

Sa patrie est le nord du Brésil, la Guiane, l'Equateur et le Pérou.

Fig. 3. Perroquet à tête rousse.

(Caica xanthomera Scl.)

En allemand : *Rothkappen Papagei* (à chaperon [illegible]). — En anglais : *Yellow-thighed Caique* (à cuisses jaunes).

Dos, ailes et queue vert. Dessus de la tête et nuque brun de rouille. Côtés de la tête, gorge, dessous du ventre, cuisses, couvertures inférieures de la queue et [illegible] jaune. Poitrine et haut du ventre jaunâtres. Bec et pattes blanchâtres. Œil rouge.

Le Brésil est la patrie de ce perroquet importé vivant en Angleterre depuis plusieurs années déjà.

Fig. 4. Perroquet sale.

(Pionias sordidus L.)

En allemand : *Schmutziger Langflügelpapagei* ou *[illegible] Papagei* (à gorge rouge). — En anglais : *Sordid Parrot*.

D'un brun olivâtre irisé et brillant. Dessus de la tête et bride bleu foncé à reflets verts. Nuque, joues et plumes de la gorge vert brillant. Couvertures inférieures des ailes rouges. Les rectrices externes ont les barbes intérieures bleues, et sont rouges à la base.

Le duvet apparaît entre les plumes, derrière la tête et à la nuque, de sorte que l'oiseau semble n'avoir pas encore achevé sa mue. Les rémiges et les grandes couvertures sont d'un vert brillant. Le bec est rouge de corail à la base; la mandibule supérieure grise couleur de corne. Pattes noirâtres; œil brun.

Habite le Vénézuela.

Fig. 5. Perroquet maillé.

(DEROPTYUS ACCIPITRINUS L.)

En allemand : *Fächerpapagei* (perroquet-éventail). — En anglais : *Hawk headed Caïque* (à tête de vautour).

Vert. Tête brune, couleur de terre, front fauve; les plumes de la tête ont la tige brun fauve clair. Derrière la tête et sur la nuque, de grandes plumes brun rouge, bordées de bleu, qui peuvent se dresser en collerette. Mêmes couleurs pour celles de la poitrine et du ventre.

Bec brun de corne. Pattes noirâtres. Iris brun avec un cercle extérieur jaune.

Ce perroquet vit moins en société que les précédents. Il habite les forêts sombres du nord du Brésil, Surinam, et la Guiane, et se tient de préférence dans le voisinage des établissements.

Fig. 6. Le perroquet à front blanc.

(PSITTACUS SENILIS Spix.)

En allemand : *Greisenkopf* (à tête chauve). — En anglais : *White headed Parrot* (à tête blanche).

Vert olive foncé. Tête et gorge d'un bleu foncé miroitant, épaules brun doré brillant. Rectrices d'un beau bleu, les barbes internes rouges à la base. Couvertures inférieures de la queue rouge. Front blanc. Bec jaune pâle. Pattes brun jaune. Œil jaune. Barbes externes des rémiges et des grandes couvertures d'un beau bleu. Dessous et couvertures inférieures des ailes bleu pâle.

L'oiseau jeune n'a pas le front blanc. La tête et le cou sont verts, ainsi que les couvertures inférieures de la queue.

Habite l'Amérique centrale, particulièrement le Mexique.

Fig. 7. Perroquet Maximilien.

(PSITTACUS MAXIMILIANI Kuhl.)

En allemand : *Maximilian's Papagei*. — En anglais : *Maximilian's Parrot*.

Dos et ailes vert olive. Tête, gorge et haut de la poitrine bleu. Le reste du dessous vert bleuâtre. Front rouge pâle. Plumes des cuisses vert bleuâtre bordé de rouge pâle. Barbes externes des rectrices bleues, rouge pâle à la base.

Bec jaune. Pattes brunâtres. Œil jaune.

La Bolivie, le Brésil et le Paraguay forment la patrie connue jusqu'ici de ce perroquet. Son front rouge le distingue tout de suite des deux espèces voisines, *Psittacus ochrocephalus* et *erythrogenys*. Il est, avec le premier, un oiseau répandu dans le commerce et chez les amateurs.

(Traduction du Dr Reichenow, par Fauchers.)

Tab. 11.

Perroquets dans les steppes de l'Australie.

En Australie, les cacatoès sont les représentants caractéristiques du monde des oiseaux, au milieu de la végétation luxuriante des forêts vierges; mais là où le steppe recouvre des étendues sans bornes, là où la vue ne perçoit jusqu'aux extrémités de l'horizon qu'une mer ondoyante de prairies, où la plaine dépourvue d'eau sur un espace de plusieurs milles offre partout le même aspect monotone, là les charmantes euphèmes se joignent aux platycerques magnifiques qui parcourent le steppe d'un vol rapide. — L'euphème ne se cantonne pas, c'est un oiseau migrateur, son existence est vagabonde comme celle des platycerques, ses proches parentes. Dès que des pluies exceptionnelles ont transformé en prairies luxuriantes quelque désert sauvage et desséché, ces perruches y apparaissent aussitôt par milliers, et y séjournent aussi longtemps que leur table y est suffisamment pourvue d'herbages. Les cavités, les crevasses des arbres à gomme ou des euphorbes reçoivent leur nid, abritent leurs petits jusqu'à leur premier vol. C'est alors que le voyageur qui traverse le steppe, les fait lever par bandes sous ses pas, et les voit se percher en longues files sur les branches de quelque arbre isolé ou des buissons qui dominent les herbes; il est facile à ce moment d'abattre ou de capturer des quantités de ces perruches. On peut d'ailleurs se faire une idée de l'abondance des individus d'une même espèce par le nombre importé chez nous de perruches ondulées, qui sont les plus communes de ce groupe. Mais dès que l'eau vient à manquer dans la contrée, dès que les rayons brûlants du soleil dessèchent la plaine et font fuir tout ce qui a vie, l'euphème disparaît tout à coup vers les régions où le sol humecté constamment par les pluies tropicales produit la végétation plantureuse nécessaire à la pâture de ces oiseaux.

Le continent australien est la patrie de ces perruches des prairies, parmi lesquelles, à côté de l'espèce *Euphema*, on compte aussi les genres *Callipsittacus* (Nymphensittiche) et *Melopsittacus* (ondulées, Wellensittiche). Quelques rares espèces apparaissent aussi sur la terre de Van Diémen.

Fig. 1. Euphème resplendissante.

(*Euphema splendida* Gould).

En allemand : *Glanzsittich* (perruche resplendissante). — En anglais : *Splendid Grass-Parrakeet* (perroquet resplendissant des prairies).

Dessus vert; face et oreilles bleues qui pon plus claires en arrière; gorge et haut du poitrail écarlate; dessous du corps jaune vif.

Couvertures des ailes bleu clair; les grandes couvertures, noires, et bleu foncé à la barbe externe; rémiges noires, avec bordure extérieure vert bleu ou bleu foncé; rectrices médianes brun noir, les autres jaune vif au bout, noires à la base et en dedans, vertes en dehors. Bec noir; œil brun, pattes grises.

D'après le voyageur Gould, la femelle n'a jamais tout l'éclat du mâle; sa face reste toujours d'un bleu pâle; la gorge et le haut de la poitrine sont verts.

Leur habitat est l'intérieur de l'Australie occidentale.

Fig. 2. Perruche de Bourke.

(*Euphema Bourkei* Gould).

En allemand : *Bourke's Sittich* ou *Rosenbauchsittich* (à ventre rose). — En anglais : *Bourke's Grass-Parrakeet*.

Dessus du corps brun olive pâle, dessous rose pâle, d'un ton très vigoureux sur l'abdomen; croupion et couvertures inférieures de la queue bleu clair; front indigo; trait sur l'œil, pli et bordure de l'aile, grandes couvertures et couvertures inférieures de l'aile de la même couleur.

Couvertures de l'aile brun noir, avec bordure plus claire; rémiges brun noir, bleuâtres à la barbe externe; rectrices médianes brun olive; les autres ont les barbes internes noir à la base, les externes bleu gris; bride et tache blanches sous l'œil. Bec noir; œil et patte brun.

Les couleurs de la femelle sont plus pâles.

La perruche Bourke habite la Nouvelle-Galles du Sud.

Fig. 3. Perruche Edwards ou perruche turquoise.

(*Euphema pulchella* Shaw).

En allemand : *Schonsittich*, et chez les marchands *Türkisis*. — En anglais : *Turquoisine Grass-Parrakeet* ou *Chestnut Shouldered Grass-Parrakeet* (à épaulette châtain).

Vert olive; dessous jaune vif; face, couvertures petites et moyennes des ailes bleu clair; épaulettes rouge brun; grandes couvertures des ailes bleu foncé.

Rémiges d'un bleu foncé à la barbe externe, noir à l'interne; couvertures inférieures des ailes bleu foncé; rectrices médianes vert foncé, les autres jaune vif à la pointe, noir pour les barbes internes, vert pour les externes, à la base. Bec noir. Pattes grises. Œil brun.

La femelle âgée ressemble au mâle. Chez les jeunes oiseaux, le ventre est également jaune, la gorge et la poitrine vert olive comme le dos; la face est faiblement nuancée de bleu, l'épaulette brune n'est qu'indiquée.

L'habitat de cette perruche est restreint aux régions australiennes du centre et du sud-ouest.

Fig. 4. **Perruche ondulée.**

MELOPSITTACUS UNDULATUS Shaw.

En allemand : *Wellensittich* (même sens), *Kanariensittich* (perruche canari), *Muschelsittich*, *Singsittich* (perruche chanteuse). — En anglais : *Undulated Grass-Parrakeet* ou *Warbling Grass-Parrakeet* (même signification).

Front, bride et bas des joues jaune clair, sur celles-ci deux ou trois petites taches rondes bleues et un trait bleu de chaque côté. Nuque, croupion et dessous vert ; dessus de la tête, nuque, haut du dos, partie supérieure des joues et oreilles ondulées de noir et de jaune.

Grandes couvertures de l'aile bleu vert avec la pointe plus pâle au milieu du tuyau (excepté pour les premières rémiges) ; barbes internes brun noir avec tache blanc jaunâtre au milieu du tuyau. Rectrices moyennes bleues, noires en dessous, les autres vert clair à la base et à la pointe, jaune vif dans le milieu, dessous noir à la base et à la pointe.

Bec brun jaune pâle avec cire brune ; pattes grises ; œil jaune clair.

La femelle a les couleurs un peu plus effacées, et la cire de bec grise.

Leur pays est tout le continent de l'Australie qu'elles parcourent dans leurs courses vagabondes.

C'est le seul perroquet dont l'acclimatation ait complètement réussi en Europe, au moins comme oiseau de volière ; il s'y est reproduit en si grande quantité, que l'importation qui en était autrefois importante commence à diminuer en présence de l'abaissement extraordinaire du prix dû à l'élevage.

Fig. 5. **Perruche calopsitte ou de la Nouvelle-Hollande.**

CALLIPSITTACUS NOVÆ-HOLLANDIÆ Gld.

En allemand : *Nymphensittich* ou *Corella* ou *Nymphe*. En anglais : *Cockatoo* ou *Cockatoo Parrakeet*.

Brun fumé ; derrière de la tête, croupion, couvertures inférieures et supérieures de la queue, plus pâle, plutôt brun gris. Rémiges et rectrices teintées de gris en dessus ; devant de la tête, huppe et joues d'un jaune soufre pâle ; oreilles jaune rouge, bordées de blanc en avant et en arrière, grandes couvertures des ailes blanches.

Bec et pattes gris de plomb ; œil brun foncé. Les couleurs de la femelle sont plus pâles, le devant de la tête, la huppe et les joues sont d'un brun jaunâtre sale ; le croupion, les couvertures supérieures de la queue et les rectrices moyennes sont tachetées et barrées de gris ; les autres rectrices, le derrière et les couvertures inférieures de la queue sont tachetées et barrées de jaune soufre pâle.

Cet oiseau vagabond mène sa vie nomade sur toute l'étendue du continent australien. Souvent il est une année entière sans se remontrer dans la même contrée, mais quand il y revient, c'est par troupes prodigieuses, qui dans les régions cultivées, causent aux champs des dommages considérables.

Fig. 6. **Perroquets à lunettes vertes.**

EUPHEMA CHRYSOGASTRA.

En allemand : *Goldbauchsittich* (perruche à ventre doré). —

En anglais : *Orange bellied Grass-Parrakeet* (perruche des prairies, à ventre orangé).

Verte. Gorge vert olivâtre ; dessous du corps jaune ; milieu de l'abdomen jaune rouge ; front, pli et bord de l'aile, grandes couvertures et couvertures inférieures bleu foncé.

Les rémiges primaires ont les barbes externes bleu, les internes brun noir, avec une tache d'un blanc jaunâtre dans le milieu, et une mince bordure jaune ; les secondaires ont les barbes internes brun noir, les externes bleu foncé à la base, vertes au bout ; les rectrices moyennes sont vertes et bleuâtres à la pointe, noires en dessous ; les autres ont la pointe jaune vif, la base bleu vert en dehors, noires en dedans ; le bec est noir, l'œil et la patte sont bruns.

Les femelles ont généralement des couleurs plus effacées, particulièrement pour la tache jaune rouge. Celle-ci manque chez les jeunes oiseaux, ainsi que le bandeau bleu du front.

La perruche à lunettes vertes habite une grande partie de l'Australie, surtout celle méridionale.

Fig. 7. **Perruche vénuste.**

EUPHEMA VENUSTA Temm.

En allemand : *Feinsittich* (perruche délicate) ou *Blaufluegeliche) Schönsittich* (belle perruche à ailes bleues. — En anglais : *Blue banded Grass-Parrakeet* (perruche des prairies à bande bleue) ou *Venust Grass-Parrakeet*.

Vert olive ; ventre jaune soufre ; bandeau au front, couvertures inférieures et supérieures des ailes, d'un bleu foncé ; bride jaune vif.

Rémiges brun noir ; avec les barbes externes bleu foncé à la base, légèrement bordées de blanc ; les rectrices moyennes sont gris bleu pâle, noires en dessous ; les autres jaune pâle à la pointe, avec la barbe externe gris bleu à la base, l'externe noire. Bec noir ; pattes brun gris ; œil brun.

Le bandeau bleu du front manque chez les jeunes ; la bride et le ventre sont vert jaune ; le bleu des couvertures est pâle et verdâtre.

La perruche vénuste se trouve dans le sud de l'Australie, la terre de Van Diemen et les îles du détroit de Bass.

Fig. 8. **Pezopora terrestre ou perruche ingambe.**

PEZOPORUS FORMOSUS Lath.

En allemand : *Erdsittich* (perruche terrestre). — En anglais : *Ground Parrakeet* (même sens).

Verte ; dessus de la tête rayé de noir ; dessus du corps et des ailes noir, tache de jaune ; sur la gorge, quelques raies jaunes et quelques gouttes noires ; dessous du corps jaune barré de noir ; front jaune orange vif.

Les rectrices moyennes sont vert foncé, avec de fines rayures jaunes ; les autres ont les barbes internes jaune et brun, l'externe jaune rayée de vert, rémiges brun foncé avec une tache blanche au milieu des barbes internes et une jaune pâle au milieu des barbes externes ; pattes brun jaune ; bec gris de plomb ; œil brun.

Le jeune oiseau n'a pas le bandeau rouge au front.

L'habitat de la perruche terrestre est dans le sud et l'ouest de l'Australie, la terre de Van Diemen et les îles du détroit de Bass.

PLANCHE XV.

Perroquets des îles de la Sonde.

Le monde emplumé des îles de la Sonde représente une transition entre la faune ornithologique de la région australienne et celle de la région orientale. C'est un fait remarquable surtout pour ce qui concerne les perroquets. Tandis que le continent asiatique est, comme nous l'avons dit précédemment, extraordinairement pauvre en espèces de ce genre, les îles de Sumatra et de Bornéo en présentent un plus grand nombre et la progression devient plus sensible à mesure que l'on s'approche vers l'Est ; de sorte que l'île de Célèbes et les petites îles de la Sonde offrent déjà, par l'abondance de leurs variétés, une image des richesses de l'Australie. Aussi, est-on accoutumé à comprendre cette partie de l'archipel indien oriental dans les régions australiennes, sous le point de vue zoologique. L'Inde, qui constitue la région orientale proprement dite, n'a comme indigène qu'un seul groupe de perroquets, celui des *Palaeornis*, et, comme étranger amené sur son territoire par les migrations, qu'une seule espèce appartenant au groupe des *perruches chauve-souris* (Fledermaus papageien), le *Psittacus vernalis*. Plus à l'Est, au delà de Ceylan, jusqu'aux îles occidentales de la Sonde, apparaissent les autres variétés de ce groupe, tandis que les *Palaeornis* propres à l'Asie y sont plus rares ; et enfin, dans l'île de Célèbes, où ces dernières ne se trouvent plus du tout, on rencontre à côté des *Coryllis*, les représentants des familles propres à l'Australie : les *Trichoglosses* et les *Cacatois*. Les îles de la Sonde ont encore, avec les perruches chauve-souris, une espèce particulièrement caractéristique, la *Psittacule de Malacca* qui a été souvent importée en Europe dans ces derniers temps. Elle est représentée fig. 5 de notre planche.

Fig. 1. **Psittacule à gorge jaune.**

(Coryllis pusillus G. R. Gray).

En allemand : *Elfen papagei*. — En anglais : *Yellow-throated Hanging Parrakeet* (psittacule à gorge jaune).

Verte ; lavée de jaune d'or sur les reins ; une grande tache jaune vif sur la gorge ; croupion et couvertures supérieures de la queue rouges ; bec rouge minium.

Rectrices bleu clair en dessous ; bordure interne de même couleur aux rémiges ; pattes jaunes ; œil brun.

La femelle et le jeune oiseau n'ont pas la gorge jaune ; leur dos est vert.

Notre planche montre la femelle qui ne se distingue que par une taille moindre du jeune de la psittacule des Indes (fig. 4). Cette espèce habite l'île de Java.

Fig. 2. **Psittacule à tête jaune.**

(Coryllis galgulus Lin.).

En allemand : *Blaukrönchen* (petite perruche à couronne bleue). — En anglais : *Blue crowned Hanging Parrakeet* (même sens).

Verte ; une tache bleu foncé sur le vertex ; une plus grande de couleur jaune d'or sur les reins et le dos ; gorge, croupion et couvertures supérieures de la queue rouges ; bec noir.

Rectrices bleu clair en dessous ; bordure interne de même couleur aux rémiges, pattes jaunes, œil brun.

La femelle n'a pas la tache bleue du vertex, la tache rouge de la gorge et celle jaune d'or sur le dos ne sont qu'indiquées ; chez le jeune oiseau, ces trois taches manquent complètement.

Cette perruche a un habitat très étendu. On la trouve dans la presqu'île de Malacca et dans les îles de Sumatra, Banka et Bornéo.

Fig. 3. **Perruche de Meyer.**

(Trichoglossus Meyeri Wald.).

En allemand : *Kleiner Schuppen-lori* (petit lori à écailles). — *En anglais* : *Meyer's Lorikeet* (Lori de Meyer).

Dessus de la tête jaune brunâtre, tournant au brun jaune derrière la tête, et jaune pur sur les ouïes. Les plumes des joues et celles de la gorge figurent des écailles ; elles sont noires avec bordure jaune ; le dessus du corps et les ailes sont vert ; les plumes du dessous sont jaunes, avec de larges bordures vertes.

Les plumes de la queue sont, en dessus, d'un jaune brun verdâtre et jaunes en dessous ; le bec est rouge minium ; les pattes brun gris ; l'œil orange.

Cette espèce voisine du lori à écailles (Trichoglossus chlorolepidotus) s'en distingue par une taille notablement moindre et par le dessus de la tête jaune. La perruche Meyer habite l'île de Célèbes.

Fig. 4. **Psittacule des Indes.**

(Coryllis vernalis Sparr.).

En allemand : *Frühlingspapagei* (perroquet vernal ou de printemps). — *En anglais* : *Indian Hanging Parrakeet*.

Entièrement vert, plus vif sur la tête, tache bleu clair sur la gorge, croupion et couvertures supérieures de la queue, rouge brun. Bec rouge.

Rectrices bleu clair en dessous; bordure intérieure bleu clair aux rémiges; pattes jaunes; œil jaune.

Les deux sexes ont les mêmes couleurs.

Le sud de l'Inde et les côtes occidentales des Hautes-Indes sont la patrie de ce psittacule. On ne le trouve plus à Malacca et il manque aussi dans les îles de la Sonde.

Fig. 5. Psittacule de Malacca.

(PSITTINUS INCERTUS Schaw.)

En allemand : *Rotachsel* (à épaulettes rouges). — En anglais : *blue rumped Parrakeet* (perroquet à croupion bleu).

Dessus et côtés de la tête bleu gris clair; dos noir; reins, croupion et couvertures supérieures de la queue bleu d'outre-mer; dessous brun jaune pâle, bleuâtre sur le ventre, flancs et couvertures inférieures des ailes, rouges; couvertures des ailes vertes avec bordure jaune; épaulettes brun rouge; rectrices jaunes avec les barbes externes verdâtres.

Bec rouge de corail; mandibule inférieure brunâtre. Les rémiges sont noires avec bordure externe verte; les grandes couvertures de la main bleues; les pattes brun olive; l'œil jaune.

La femelle a la tête d'un brun châtain, le dos, le croupion et les couvertures supérieures verts; les reins teintés de bleu; le dessous vert jaune; mandibule supérieure du bec, grise à la base, rougeâtre à la pointe; pour le reste, son plumage est semblable à celui du mâle.

Chez l'oiseau jeune, le vert domine. Les reins sont bleuâtres, les couvertures inférieures des ailes sont rouges; les ailes sont pareilles à celles des femelles, mais l'épaulette est moins marquée; les plumes de la queue sont plus vertes que chez le mâle.

Ce psittacule habite la presqu'île de Malacca et les îles Bornéo et Sumatra.

Fig. 6. Psittacule lilliput.

(CORYLLIS EXILIS Schl.)

Vert; jaunâtre sur le dos et le ventre; la gorge vert bleuâtre clair avec une tache rouge; croupion et couvertures supérieures de la queue rouges; bec rouge.

Les rectrices sont bleues en dessous; les rémiges ont une bordure interne de même couleur. Pattes brun jaune; œil jaune rouge. La femelle est pareille au mâle. Le jeune oiseau n'a pas la tache rouge de la gorge; son bec est brunâtre.

Cette petite perruche chauve-souris habite l'île Célèbes.

Fig. 7. Psittacule à tête rouge.

(CORYLLIS STIGMATA Müll. et Schl.)

En allemand : *Rothplättchen* (même sens qu'en français). — En anglais : *Red Capped Hanging Parrakeet* (même sens).

Vert; dessus de la tête, tache sur la gorge, bord de l'aile, croupion et couvertures supérieures de la queue, rouge carmin; dos jaune, teinté de jaune d'or; bec noir.

Le dessus des rectrices et la bordure interne des rémiges sont bleu clair; pattes jaunes; œil jaune, cire couleur de chair jaunâtre.

La femelle n'a pas de rouge sur la tête; le jeune oiseau manque aussi de la tache rouge de la gorge et le dos n'est que faiblement lavé de jaune.

Ce psittacule habite l'île Célèbes.

(Traduction du Dr Reichenow, par Fauchier.)

Tab. 15.

PLANCHE XVI.

Les Platycerques.

Quand on veut jeter un coup d'œil d'ensemble sur les espèces d'une famille d'oiseaux, il est absolument indispensable de se représenter clairement les signes communs à quelques-unes de ces espèces et les caractères qui les distinguent des autres. Ces signes fournissent au classificateur les caractères génériques au moyen desquels il partage les familles et rassemble les espèces par petits groupes en une série qui, se conformant aux règles actuelles de la classification, doit présenter un tableau aussi fidèle que possible de l'ensemble des variétés.

La famille des Platycerques se caractérise aisément par quelques signes bien accusés dont l'observation permet, même à un œil peu exercé, de distinguer ces oiseaux des autres perroquets, et particulièrement des *Conures*, des *Palæornis* et des *Trichoglosses*. Leur bec est relativement fort, déprimé sur les côtés, arrondi en dessus. La forme de leur cire est très caractéristique, elle a peu d'étendue, et entoure seulement les narines sur lesquelles elle est posée comme en bourrelet, puis recouvre comme une selle le dos du bec, mais sans dépasser les narines, ni s'étendre jusqu'au bord de la mandibule. La queue qui est longue, ordinairement, est étagée, mais les quatre rectrices intermédiaires sont d'égale longueur.

Les soixante-trois espèces qui, d'après nos connaissances actuelles, composent cette famille, se répartissent naturellement en sept genres. Les six premiers sont représentés par les *perruches des prairies* (Grassittiche) figurées en partie sur notre planche XIV ; elles se distinguent du 7e genre, celui des platycerques proprement dits, par la pointe plus ou moins aiguë de leurs rectrices.

Le genre *Callipsittacus* (la calopsitte), représenté par une seule espèce, fig. 5, pl. XIV, se reconnaît à la pointe de son bec distinctement crénelée, à sa huppe et à ses deux rectrices médianes très prolongées. Le genre *Melopsittacus* (l'ondulée) qui n'a aussi qu'une espèce connue (fig. 4 de la planche XIV), se distingue par le prolongement de ses quatre rectrices moyennes et le bourrelet très prononcé de sa cire. Les *Euphemas* (perruche des prairies ou Grassittiche proprement dits), qui comprennent sept espèces (planche XIV, fig. 1, 2, 3, 6 et 7) ont les rectrices amincies progressivement vers la pointe, et prolongées en étages réguliers ; mais les quatre moyennes sont d'égale longueur — tandis que le genre *Cyanoramphus* (Ziegensittich), qui possède douze espèces différentes (fig. 7 de la planche suivante et fig. 3 et 4 de la planche XXI ci-après), montre toutes les rectrices étagées et progressivement amincies en forme de lancettes. Le genre *Nanodes* (Schwalben Sittiche, ou perruches hirondelles) qui n'a qu'une seule espèce connue, se distingue du précédent par des rectrices plus minces, un bec plus allongé et une langue conformée comme celle des loris. Sa place véritable dans la classification n'est pas bien déterminée que depuis peu de temps ; il sera figuré dans une planche postérieure. Enfin le 6e genre est représenté par la perruche *Nymphicus*, indigène de la Nouvelle-Calédonie, et dont la figure sera aussi donnée plus tard ; elle se reconnaît à deux plumes du dessus de la tête, prolongées en forme de rubans, et par les rectrices qui, d'une largeur égale sur toute leur longueur, se terminent brusquement en pointe aiguë, et se prolongent en étages.

Le 7e genre de la famille, les *Platycerques proprement dits*, comprend 40 espèces dont les rectrices ne sont pas pointues, bien que, souvent, elles s'amincissent plus ou moins à leurs extrémités, quatre intermédiaires sont ordinairement de longueur égale, les autres se prolongent en étages. On peut utilement en distribuer les espèces en 4 sous-genres : une queue très courte et huit rectrices intermédiaires de longueur égale distinguent le sous-genre *Psittes* qui a trois espèces (fig. 3, planche III) ; des rectrices très longues, très amincies à l'extrémité et toutes étagées, désignent le sous-genre *Polytelis* (fig. 1 et 6 de la planche III), qui a 3 espèces. Des rectrices très larges et assez égales dans toute leur longueur, indiquant les sous-genres *Aprosmictus* et *Pyrrhulopsis*, dont le premier a le bec assez faible (le lori royal, fig. 4, planche III, est un représentant de ces 8 espèces), tandis que le second se reconnaît à un bec très fort ; tels sont les perroquets des Idjis qui comptent 5 espèces et dont on voit des exemples dans les figures 1, 4 et 5 de la planche correspondant à ce texte. Un bec mince et très long caractérise le genre *Porphyrocephalus* dont une seule espèce est connue (fig. 6 de notre planche). Les 20 autres espèces qui présentent la conformation des rectrices caractéristiques de la famille, constituent les deux sous-genres *Platycerque* et *Psephotus* dont le dernier se différencie par une cire plus fortement roulée en bourrelet, et, par conséquent se rapproche davantage du type des Euphèmes. Le genre *Psephotus* a 8 espèces dont une se trouvera sur la planche suivante. Les Platycerques sont représentés fig. 2, planche III ; fig. 1 à 7, planche VI, et fig. 2 et 3, planche XVI.

Fig. 1. Perruche Anna Tabouane
(*Platycercus tabuensis* Gmel.)

En allemand : *Pompadour Sittich ou Vauga-Vauga Papagei.* — En anglais : *Tabuan Parrakeet ou Pompadour Parrot.*

Tête et tout le dessous rouge cerise. Face noirâtre ; dos et ailes vertes ; quelques plumes du croupion bordées de rouge cerise ; les couvertures de la main et les pennes du bras sont bleues ; les grandes couvertures et les rémiges primaires ont les barbes internes noires, les externes bleu foncé ; les

couvertures inférieures de l'aile sont vert bleu, bordées de rouge cerise ; les rectrices intermédiaires sont vertes avec la pointe bleu foncé, les autres ont les barbes internes noires et les externes bleu foncé ; elles sont verdâtres à la base, toutes sont noires en-dessous, bec et pattes noirs, œil jaune.

Les îles Fidji sont la patrie de la perruche pompadour. On y distingue dans les différentes îles trois variétés de cette espèce, selon que la perruche a un collier bleu sur la nuque (*tabuensis*), que ce collier n'est qu'indiqué (*kyanurus*, ou qu'il manque (*tactuanus*).

Fig. 2. **Perruche de Barnard.**

(PLATYCERCUS BARNARDI Vig. et Horsf.).

En allemand : *Gelbnacken Sittich* (perruche à nuque jaune) ou *Barnards Sittich*. — En anglais : *Barnard's Broadtail* (perruche à queue large de Barnard).

Vert bleu clair; partie supérieure du dos et épaules noir bleu; une bande brun noir sur le derrière de la tête, prolongée jusque sur les yeux; front rouge, collier jaune soufre sur la nuque, quelquefois interrompu dans le milieu; tache jaune vif sur le ventre; de chaque côté du bec et au dessous, une tache bleu clair; couvertures inférieures des ailes, bleu clair; pli de l'aile bleu foncé; rémiges primaires et leurs couvertures brun noir, avec les barbes externes bleu foncé; deux rectrices intermédiaires vertes, bleuâtres à la pointe, les autres, bleu foncé à la base avec une bordure interne noire, bleu pâle à la pointe. Bec gris de plomb; pattes gris brun; œil brun.

Cette perruche habite le sud de l'Australie et la Nouvelle-Galles du sud.

Fig. 3. **Perruche à barbe bleue.**

(PLATYCERCUS ZONARIUS Schaw.).

En allemand : *Ringsittich* (perruche à ceinture). — En anglais : *Bauer's Broadtail* (perruche à queue large de Bauer).

Vert; bord de l'aile, sous-caudales et couvertures inférieures de la queue plus claires; tête brun noir; une tache bleu d'azur de chaque côté et au dessous du bec; collier jaune soufre sur la nuque; partie supérieure du ventre et flancs jaunes; couvertures inférieures de l'aile bleu foncé; rémiges primaires et leurs couvertures brun foncé, avec les barbes externes bleu foncé; les deux rectrices intermédiaires vertes, bleuâtres à la pointe; les autres bleu foncé à la base, avec les barbes internes noires, bleu clair à la pointe; bec gris de plomb; pattes brun gris; œil brun.

Elle se distingue de la perruche à collier jaune (pl. III, fig. 2 ci-dessus), à laquelle elle est analogue, par une taille moindre, la largeur de sa ceinture jaune et l'absence du bandeau rouge au front, qui est parfois indiqué seulement chez elle.

Habite le sud et l'ouest de l'Australie.

Fig. 4. **Parroquet brillant.**

(PLATYCERCUS SPLENDENS Peale).

En allemand : *Smaragd Sittich* (perroquet émeraude) ou *Fidschisittich*. — En anglais : *Shining Parrakeet* (perroquet brillant).

Tête et tout le dessous rouge carmin; nuque bleue; dos et ailes verts; couvertures inférieures des ailes vert bleuâtre avec la pointe rouge; pennes de la main et du bras bleu clair; rémiges et grandes couvertures de la main noires, avec la barbe externe bleu foncé; rectrices intermédiaires vertes, bleu foncé à la base; les suivantes bleu foncé avec la barbe interne noire à la base, la barbe externe verdâtre; toutes sont noires en dessous; bec et pattes noirs. Œil rouge.

Les îles Viti, particulièrement celles Viti-Levou et Kandavou sont la patrie du perroquet brillant.

Fig. 5. **Perruche masquée.**

(PLATYCERCUS PERSONATUS Gray).

En allemand : *Maskensittich*. — En anglais : *Masked Parrakeet* (même sens.)

Vert émeraude, face noire; poitrine et partie supérieure du ventre jaune dans le milieu; abdomen rouge jaune dans le milieu; rectrices vertes, avec une bordure interne noire et le dessous noir; rémiges noires; les primaires bleu clair à la barbe externe; les secondaires vertes à l'extérieur; pennes du bras et grandes couvertures de la main bleu clair; bec et pattes noires; œil beau rouge.

Habite les îles Fidji.

Fig. 6. **Perruche à tête pourpre.**

(PLATYCERCUS SPURIUS Kuhl).

En allemand : *Kappensittich* (perruche à calotte) ou *Bastardsittich*. — En anglais : *Pileated Broadtail*.

Dessus de la tête rouge carmin; cuisse, région anale et couvertures inférieures de la queue rouge écarlate; poitrine, ventre et couvertures inférieures des ailes bleu violet; nuque, dos et ailes verts; côtés de la tête vert jaunâtre; croupion et couvertures supérieures de la queue jaune verdâtre; pli et bordure de l'aile, barbes externes des rémiges primaires et leurs couvertures bleu foncé; bec gris de plomb avec la pointe plus claire; pattes brunes; œil brun rouge.

Habite le nord et l'est de l'Australie.

Fig 7. **Perruche de la Nouvelle-Zélande ou Perruche pacifique.**

(CYANORHAMPHUS NOVAE-ZELANDIAE Sparm.).

En allemand : *Ziegensittich* (perruche chèvre) ou *Laufsittich* (perruche coureuse). — En anglais : *New-Zealand Parrakeet* ou *Macquary Parrakeet*.

Vert; plus claire en dessous; devant de la tête, vertex, bande courant du bec sur les yeux et au delà des ouïes et tache de chaque côté du croupion, de couleur rouge carmin; rémiges brun noir, bordure de bleu foncé ou de vert bleuâtre à l'extérieur et quelquefois à l'intérieur, avec une barre jaunâtre au milieu du tuyau de la plume; pennes de l'avant-bras et grandes couvertures des rémiges primaires, bleu foncé; couvertures inférieures de l'aile vert bleu; bec gris de plomb; pattes brun gris; œil jaune.

La Nouvelle-Zélande, les îles Chatam et Norfolk sont sa patrie. Il y a plusieurs variétés de cette espèce dont les unes paraissent des dégénérescences, les autres des variétés seulement. L'une, la *Rowleyi* de couleur pareille à celle décrite, mais plus petite, habite la Nouvelle-Zélande; une seconde, dans les îles Auckland (*Aucklandicus*), est aussi plus petite et à la couleur rouge sur la tête moins étendue et plus claire; une troisième (*Erythrotis*), des îles du Macquarie, est d'un vert plus jaune; les couleurs rouges sont plus claires et plutôt écarlates; une quatrième, habitant la Nouvelle-Calédonie (*Saisseti*), a les rectrices bleues à la pointe et presque toutes les parties externes des rémiges primaires de couleur bleu; une cinquième, enfin, qui habite aussi le nord de la Nouvelle-Zélande, n'a point de tache rouge sur les côtés du croupion (*Forsteri*).

(Traduction du Dr Reichenow, par Faucheux.)

PLANCHE XVII.

Les Conures.

Les Conures (*Platycercus aptérix*, perruches à queue aplatie) dont nous avons déjà signalé les nombreuses espèces et la grande étendue, offrent dans leurs formes et leurs couleurs beaucoup plus d'uniformité que les Platycerques, quoiqu'ils comprennent un bien plus grand nombre de variétés. Cette famille est caractérisée par les marques suivantes : le bec est de force moyenne; le dessus est aplati chez les types de la famille et il est pourvu d'une gouttière longitudinale. La cire, toujours bien apparente, enveloppe toute la base du bec comme un ruban de largeur à peu près uniforme; les narines sont ordinairement libres; la cire est souvent couverte de plumes. Les rectrices sont longues la plupart du temps; elles s'amincissent plus ou moins à leur extrémité, et sont toutes disposées en étage. On connaît actuellement 87 espèces dans cette famille qui se divise en six genres.

Les espèces les plus grandes, que l'on réunit sous la dénomination d'*Aras* (*Sittace*), se distinguent de tous les autres Conures par leurs joues nues. Des représentants de ce genre, qui comprend 16 espèces, ont été figurés planche IX (fig. 1 à 7), planche 1re (fig. 1re) et planche II (fig. 1re). Le genre le plus abondant en espèces est celui des *Conures proprement dits*; il en comprend 30. Avec la forme du bec caractéristique de la famille, il a les joues emplumées. Les figures 2 à 8 de la planche II, 1 à 5 et 8 de la planche suivante montrent des spécimens de ce genre. Celui *Pyrrhura* (Rothschwänze, ou à queue rouge), ne se distingue du précédent que par les caractères empruntés aux couleurs; la queue est d'un rouge brun ; la planche XXIIe fera voir une série de ces espèces. Aux petites espèces du genre Conures, se rattachent encore les *Brotogeris* (Schmalschnabel-Sittiche, perruches à bec mince) qui comprennent 9 espèces différentes; ils se distinguent par un bec déprimé sur les côtés, presque anguleux en dessus, et par deux rectrices intermédiaires très allongées. La figure 6 de la présente planche en offre un spécimen que l'on voit très souvent en captivité, la perruche rase. Au contraire, le genre *Bolborhynchus* se reconnaît à un bec élargi sur les côtés et arrondi en dessus. La figure 7 de notre planche montre dans la perruche souris un exemple de ce genre qui renferme 7 espèces. Les mœurs de cet oiseau offrent une singularité unique chez les perroquets. Tous les autres nichent dans les cavités des arbres ou des rochers; la perruche souris, au contraire, construit un nid découvert. C'est dans les bas-fonds marécageux des fleuves, couverts de mangliers, sur les sommets dépouillés des plus grands arbres que l'on voit, rassemblés par colonies, les nids hérissés de cette perruche ; ce sont de grosses boules faites de ramilles entrelacées; au centre, se trouve la cavité du nid à laquelle une ouverture latérale donne accès. Les *Psittacula* (Sperlings papageien, perruches moineau) ont un bec de même forme que celui des Bolborhynchus ; c'est un groupe de petits perroquets qui se distinguent par une queue courte et cunéiforme, dont les plumes d'une largeur à peu près uniforme dans toute leur longueur, finissent en pointe aiguë. Nous connaissons 6 espèces de ce genre, parmi lesquelles la *Psittacula passerina* qui est fréquente dans le commerce sous le nom de perruche moineau. Enfin, pour dernier genre, nous avons l'*Henicognathus* (Langschnabel-Sittiche, perruche à long bec), qui n'a qu'une espèce; elle se reconnaît à un bec long et mince, une cire emplumée et se rapproche assez du genre *Pyrrhura* ci-dessus. Une de nos planches voisines en donnera la figure avec celle de la perruche moineau.

Fig. 1re. Perruche à lunettes.

(Conurus ocularis Scl. et Salv.)

En allemand : *Augenband-sittich* (perruche aux yeux cerclés).

Vert; côtés de la tête et gorge brun jaune olive; trait jaune vif autour des yeux; rémiges et rectrices bleues à la pointe; queue jaunâtre en dessous; bec et pattes gris noir; œil jaune; liséré nu et gris autour de l'œil.

Habite l'Amérique centrale.

Fig. 2. Perruche à front rouge.

(Conurus petzi Wagl.)

En allemand : *Elfenbein sittich* (perruche ivoire). — En anglais : *Petz's Conure*.

Vert; front rouge minium; vertex bleu gris; côtés de la tête et gorge brunâtre olive; poitrine, ventre et couvertures inférieures des ailes vert jaunâtre; barbes internes des rémiges noires; barbes externes bleu foncé. Rectrices jaunâtres au côté interne, bleuâtres à la pointe. Bec couleur de chair pâle; chez les jeunes oiseaux, la mandibule inférieure est grise; pattes brun gris; œil jaune; liséré nu et blanc autour de l'œil.

Elle se rapproche de la perruche à front d'or ; elle s'en distingue par une taille moindre et par la couleur claire du bec, ainsi que par le liséré de l'œil qui est blanc chez celle-là et orangé chez l'autre.

Le sud du Mexique, le Guatemala et le Honduras sont la patrie de cette perruche.

Fig. 3. Perruche à ventre orange.

(Conurus canicularis Wied).

En allemand : *Kaktus Sittich*. — En anglais : *Cactus Conure*.

Verte; front brunâtre olive, gorge brun jaune, ventre orange, rémiges et rectrices de même couleur que chez la *conurus ocularis*, bec blanchâtre, œil jaune vif, liséré gris, nu autour de l'œil, pattes brunâtres.

Cette perruche est souvent confondue, surtout dans le commerce, avec la perruche à joues brunes (fig. 5). C'est la couleur verte de ses joues qui l'en distingue ainsi que des autres perruches d'espèces voisines (fig. 1, 4 et 5).

La patrie de la perruche à ventre orange est le Brésil oriental; elle y habite les prairies découvertes remplies de broussailles, et s'y nourrit surtout des fruits du cactus qui y croît en abondance.

Fig. 4. Perruche à front jaune.

(Conurus chrysogenys Sou.).

En allemand : *Goldmasken Sittich* (à masque d'or). — En anglais : *Yellow Cheeked Conure* (comme bariolée de jaune).

Verte; mince bandeau au front, bride et région de l'œil, couleur orange ainsi que le ventre; dessus de la tête bleu gris; côtés de la tête et gorge brun olive; ailes et plumes de la queue de même couleur que chez la perruche à ventre orange; bec et pattes gris noir; œil jaune, tour de l'œil gris et nu. Chez l'oiseau d'âge avancé les joues sont aussi teintées d'orange.

Sa patrie est la Guyane.

Fig. 5. Perruches à joues brunes.

(Conurus aeruginosus Lin.).

En allemand : *Braunwangen Sittich* (même sens). — En anglais : *Brown Throated Conure* (même sens).

Verte; dessus de la tête bleu gris; joues et gorge brun jaune olive; bec et pattes brun gris; œil brun jaune; tour de l'œil gris et nu; en tout le reste, de même couleur que la précédente.

Quelques savants pensent que cette espèce, qui jusqu'ici a été rencontrée dans le Vénézuela et la Guyane, n'est autre chose que la jeune perruche à front jaune, dans son premier plumage.

Fig. 6. Perruche verte.

(Conurus tiriacula Bodd.).

En allemand : *Blumenau Sittich* (couleur de pré fleuri). — En anglais : *All-green Parrakeet* (toute verte).

Verte; nuque et rectrices teintées de bleuâtre en dessus; épaules jaunâtre olive; rémiges noires avec la moitié extérieure bleu verdâtre; grandes couvertures de la main bleu foncé; couvertures inférieures des ailes vert jaune; bec couleur de chair claire; cire blanche; pattes couleur de chair brunâtre; œil brun gris.

La perruche verte, l'un des perroquets les plus communs des marchés, habite la Guyane et le Brésil.

Fig. 7. Perruche souris ou Perruche à poitrine grise.

(Bolborhynchus monachus Bodd.).

En allemand : *Mönch Sittich* (perruche moine; ou *Mäusesittich* (perruche souris). — En anglais : *Grey-breasted Parrakeet* (à poitrine grise).

Verte; devant de la tête, face, gorge et poitrine grises; rémiges bleuâtres à la pointe, noires à la moitié inférieure; grandes couvertures de la main bleu foncé; rectrices vert jaune à la moitié inférieure, teintées de bleuâtre en dessous. Bec brun jaune; pattes brun gris; œil brun.

La perruche souris a un habitat assez étendu; on la trouve en Bolivie, à La Plata, dans le Paraguay et l'Uruguay.

Fig. 8. Perruche à joues orange.

(Conurus xantholaemus Sclat.).

En allemand : *Saint-Thomas Sittich.* — En anglais : *Saint-Thomas's Conure.*

Verte; côtés de la tête et joues orange; dessus de la tête bleu gris; devant du cou brun jaune olive; rectrices et rémiges de même couleur que chez la perruche à front d'or; bec et pattes gris brunâtre; œil jaune; tour de l'œil gris et nu.

Habite l'île Saint-Thomas.

(*Traduction du* Dr Reichenow, par Faucheux.)

Tab. 17.

Perroquets les plus anciens de l'ordre.

La région australienne abrite les ancêtres de l'ordre des perroquets, véritables représentants des espèces les plus anciennes du groupe; ces races, il est vrai, qui sont en train de s'éteindre. L'île de la Nouvelle-Zélande, à l'extrême Sud est l'habitat plus spécial de ces variétés caractéristiques chez lesquelles on ne peut méconnaître le cachet des siècles passés.

C'est dans les vallées alpestres, dans la partie méridionale de la Nouvelle-Zélande, que le Kakapo ou Perroquet de nuit, (fig. 7) mène son existence nocturne. Il habite les pentes arides des collines ou les parties boisées dont le sol, garni d'arbres à hautes tiges est dépourvu de fougères ou d'épais taillis. Quoique ses ailes soient bien conformées, cet oiseau s'en sert peu et n'exécute que des vols très courts. On le voit rarement sur les arbres; il se tient habituellement sur le sol où il se meut avec beaucoup de souplesse. Il demeure dans les trous qu'il trouve sous les racines des arbres et dans les rochers; il cherche par terre sa nourriture qui consiste en baies, en racines, en mousse et en plantes herbacées. Là où cet oiseau est le plus abondant, on voit tracés dans le gazon, les passages qu'il parcourt dans ses excursions, et le long desquels ainsi, lorsqu'il est poursuivi, il s'enfuit avec une rapidité extrême vers les cavités où il s'abrite.

La Nouvelle-Zélande renferme encore avec le Kakapo une autre variété tout à fait originale et qui est également en train de disparaître, celle des Nestors, (fig. 3 à 6). On les trouve dans les montagnes, depuis le pied jusqu'aux altitudes où croissent les derniers arbres. À l'inverse du Perroquet de nuit, ils volent très lestement, mais ils ne sont pas moins habiles à se mouvoir sur le sol ou à travers les branchages. À certaines époques de l'année, ils émigrent par grandes troupes, c'est ce que font surtout ceux qui habitent les hautes régions des montagnes, quand la neige couvrant de son manteau blanc les buissons et les plantes, cache leur nourriture qui consiste simplement en baies et en vers; mais ces oiseaux ne se contentent point toujours de mets aussi modestes, ils vont encore en chasse, et dans les rares régions de la montagne que les pâtres recherchent pour faire pacager leurs nombreux troupeaux, ces oiseaux se montrent de féroces rapaces. Planant par bandes, ils tombent sur les brebis isolées, en déchirent le corps de leur bec long et acéré, et se repaissent des entrailles de leur victime. Les relations les plus récentes signalent comme importantes les pertes qu'ils font ainsi subir aux troupeaux.

Au groupe des Nestors, appartient encore le perroquet de Pecquet (fig. 2) qui représente, à la Nouvelle-Guinée, les espèces propres à la Nouvelle-Zélande. Les Nestorides doivent être considérés comme les ancêtres les plus reculés des Cacatois dont il a été parlé dans les planches IV et XII et dont une espèce est encore figurée dans la planche XVIII (fig. 1).

Fig. 1. Calyptorhyaque de Baudin.

(CALYPTORHYNCHUS BAUDINI Vig.)

En allemand : Weisschr-Kakadu (cacatoès à oreille blanche). — En anglais : Baudin's Cockatoo ou White-tailed Black Cockatoo (cacatoès noir à queue blanche).

Brun noir à reflets métalliques verts; chaque plume bordée de brun pâle; tache blanche sur l'oreille; barre blanche sur la queue; bec blanchâtre; pattes brun gris; œil brun foncé.

Cette espèce encore rare dans les collections européennes, et qui n'a pas encore été importée vivante chez nous, habite l'ouest et le sud de l'Australie.

Fig. 2. Perroquet de Pecquet.

(DASYPTILUS PECQUETI Less.)

En allemand : Borstenkopf (tête hérissée) ou Adlerpapagei (perroquet aigle). — En anglais : Pecquet's Parrot.

Noir; les plumes de la poitrine sont bordées de brun pâle; ventre, sous-caudales, flancs, couvertures supérieures de la queue et parties des couvertures de l'aile, d'un rouge écarlate magnifique, ainsi que la moitié extérieure des rectrices intermédiaires. Le devant de la tête est nu et d'un noir violet; bec et pattes noirâtres, œil brun foncé.

Cet oiseau des plus caractéristiques, et qui, d'après nos connaissances actuelles, est le représentant unique d'un genre particulier, doit, en tous cas, se placer dans la famille des Cacatois, mais il est plus proche voisin des Nestors. Il ne nous est pas encore arrivé vivant. Sa patrie est la Nouvelle-Guinée.

Fig. 3. Nestor de la Nouvelle-Zélande.

(NESTOR MERIDIONALIS Gould.)

En allemand : Kaka. — En anglais : Kaka Parrot.

Brun olive foncé; chaque plume porte une bordure plus foncée; dessus de la tête gris bleu; ventre, sous-caudales, croupion, couvertures supérieures et inférieures de la queue et collier rouge sang, ainsi que les pointes des plumes raides qui entourent la base du bec; région des oües brun jaune; rectrices et rémiges portant un trait rouge minium, écarlate, ou brun foncé; bec gris; pattes noirâtres; œil brun foncé; liseré nu et blanc autour des yeux.

Les couleurs sont souvent modifiées. Parfois, le plumage

est gris ; les parties rouges paraissent plus ou moins vives.

Ce perroquet a été récemment importé plusieurs fois vivant en Europe, et ses possesseurs l'ont toujours représenté comme un animal très vif et très remuant. Sa patrie est dans les régions montagneuses occidentales de la Nouvelle-Zélande.

Fig. 4. Nestor olivâtre.

(Nestor notabilis Gould).

En allemand : *Kea*. — En anglais : *Mountain Kaka* ou *Kea Parrot*.

Vert olive ; chaque plume bordée de noirâtre ; ventre et couvertures inférieures des ailes lavées de rouge écarlate ; rémiges noires, teintes de vert bleu sur les barbes extérieures, barrées de jaune sur celles intérieures ; rectrices vert olive avec une bande plus noire devant la pointe, barrées de jaune au bord de la barbe intérieure ; pattes brun olive ; mandibule supérieure brun foncé ; l'inférieure jaunâtre, œil brun.

Les Kéas habitent les régions élevées et montagneuses du centre de la Nouvelle-Zélande ; ils y sont encore assez fréquents, tandis qu'on ne les rencontre que rarement dans les régions d'une altitude inférieure à 2,000 pieds. Dans les temps où les nourées ne les y retiennent plus, on les voit parcourir la contrée par troupes de 10 à 20. C'est cette espèce qui se montre redoutable pour les troupeaux de moutons.

Fig. 5. Nestor à bandeau blanc.

(Nestor esslingi Soc.)

En allemand : *Weisbinden Nestor* (même sens qu'en français). — En anglais : *Prince of Essling's Parrot*.

L'ensemble de ses couleurs est pareil à celles du Nestor de la Nouvelle-Zélande ; seulement, les plumes de la poitrine sont grises bordées de brun noir ; un large bandeau d'un blanc jaunâtre s'étend sur le haut du ventre ; les joues et les oues sont jaunes ; l'abdomen et le croupion sont rouge minium.

Cette espèce, belle et distinguée, n'est connue jusqu'à présent que par de rares exemplaires. Elle a été découverte dans les montagnes de la Nouvelle-Zélande et semble déjà sur le point de s'éteindre.

Fig. 6. Nestor à joues rouges.

(Nestor productus Gould).

En allemand : *Blauschnabel Nestor* (Nestor à bec bleu). — En anglais : *Philipp Island Parrot*.

Dos brun olive foncé ; ventre, croupion et couvertures inférieures de la queue rouges ; côtés de la tête, gorge et couvertures inférieures des ailes, rouge minium ; poitrine et partie antérieure du ventre, jaune d'ocre ; rémiges et rectrices avec une tache rouge pâle sur la barbe interne ; bec et pattes noirâtre ; œil brun foncé.

Cette espèce se distingue particulièrement par un bec très allongé. Elle a été découverte dans les îles Philipp, au nord de la Nouvelle-Zélande, mais dans ces derniers temps, on ne l'y a plus rencontrée, de sorte que la race en paraît éteinte déjà.

Fig. 7. Perroquet de nuit.

(Strigops habroptilus Gray).

En allemand : *Eulenpapagei* (perroquet hibou) ou *Kakapo*. — En anglais : *Night-Parrot* (perroquet de nuit).

Vert olive ; barré et pommelé de noir et de jaune olive ; les dessous tirant plutôt sur le jaune ; front et côtés de la tête brun jaune olive ; rectrices jaune olive barrées de brun noir ; rémiges brun noir, barrées de jaune olive ; bec blanchâtre ; pattes et œil bruns.

Les jeunes oiseaux sont couverts d'un duvet brun gris.

Le perroquet de nuit se distingue complètement de tous les autres par sa tournure, son plumage, ses couleurs et ses mœurs. Le plumage lâche, les plumes raides de la face qui figurent la tête de la chouette et lui en donnent la ressemblance, le caractérisent comme oiseau de nuit. Il habite l'ouest de la Nouvelle-Zélande ; on le trouvait autrefois aussi à l'est, dans les îles Chatam.

Malheureusement, cet intéressant oiseau, qui a été souvent importé vivant en Europe, est en train de disparaître sous les coups des chasseurs. Les indigènes le poursuivent pour sa chair délicate ; ils le prennent la nuit, au flambeau. Dans la région septentrionale il est poursuivi surtout par des chiens devenus sauvages, et comme son allure est très gauche, son extermination est imminente.

On a distingué le Kakapo du nord de la Nouvelle-Zélande, à cause de la coloration bleuâtre du dos et des dessous plus pâles, comme une dérivation de l'espèce principale, et on lui a donné le nom de *Strigops Grayi* (Gray).

(*Traduction du Dr Brüggemann, par Fauvreux.*)

Tab. III.

PLANCHE XIX

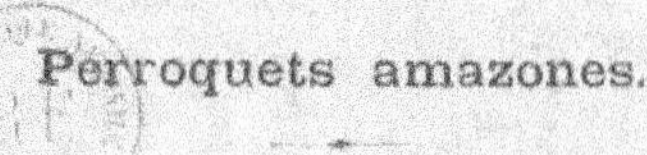

Perroquets amazones.

Le genre des perroquets amazones comprend environ une trentaine d'espèces, et s'étend sur l'Amérique de chaque côté de l'équateur, s'arrêtant presque exactement aux tropiques, sans les dépasser ni au nord ni au sud. L'habitat de chaque espèce est assez borné, de sorte qu'une quantité de variétés analogues se représentent l'une et l'autre dans les différents districts. Les amazones jouent en Amérique, le même rôle que le perroquet gris dans les forêts vierges de l'Afrique, mais avec une plus grande richesse de formes et de couleur en harmonie avec les couleurs et le port si variés de la végétation dans les forêts tropicales. À l'époque des couvées, ils vivent par couples, nichant dans les branches creuses des grands arbres, et parcourant les environs en troupes nombreuses qui, dans les champs, causent de grands dommages aux colons. Leur vol est lourd comme celui du perroquet gris; il ressemble, par les battements courts de l'aile, au vol du canard. Ils sont maladroits sur le sol; mais, en revanche, ils se montrent grimpeurs émérites. Après les jackos, ce sont les perroquets les plus aptes à imiter le langage humain, aussi, sont-ils au nombre de nos oiseaux d'appartement les plus recherchés, se recommandant d'ailleurs aussi par le peu de soins qu'ils réclament et par la beauté de leur plumage.

Fig. 1. Le Meunier ou Crik poudré ou Perroquet de Cayenne.

(CHRYSOTIS FARINOSA Bodd.).

En allemand : *Müller Amazone* (amazone meunier). — En anglais : *Mealy amazon* (amazone farineuse).

Vert; plumes de la nuque bordées de noirâtre; dos et nuque surtout, poudré de gris; sur le vertex se trouve une tache jaune vif qui, en arrière, tourne au rouge jaune, puis au violet, et dont l'étendue est variable; souvent même elle manque tout à fait. Le bord des ailes et les barbes externes à la base des plus petites rémiges primaires sont rouges, ce qui forme sur l'aile un *miroir*.

Toutes les rémiges primaires ont la pointe noir bleu; les rectrices sont complètement vertes avec la pointe vert jaune; pattes noirâtres; mandibule supérieure du bec couleur de chair à la base, noirâtre sur le sommet et à la pointe, ainsi que la mandibule inférieure.

Le meunier est une des plus grandes espèces d'amazones. Il habite une grande partie de l'Amérique du Sud, depuis le centre du Brésil et du Pérou, jusqu'à Panama, au nord. On l'a trouvé récemment aussi à l'ouest du Pérou.

Fig. 2. Amazone de Guatemala.

(CHRYSOTIS GUATEMALÆ Hartl.).

En allemand : *Guatemala Amazone*. — En anglais : *Guatemalan Amazon*.

Vert, dessous poudré de gris; plumes de la nuque bordées de noirâtre; dessus de la tête bleu; les petites rémiges primaires ont les barbes extérieures rouges à la base, ce qui forme un *miroir* sur l'aile.

Toutes les rémiges sont noir bleu à la pointe; la queue à la pointe vert jaune; le bec est noirâtre; une tache couleur de chair à la base de la mandibule supérieure; pattes noirâtres; œil brun rouge.

La patrie de ce beau perroquet est Guatemala, le Honduras et le sud du Mexique.

Fig. 3. Amazone à bec couleur de sang.

(CHRYSOTIS VINACEA Neuw.).

En allemand : *Taubenhals Amazone* (amazone à gorge de pigeon). — En anglais : *Vinaceous Amazon*.

La couleur fondamentale est le vert; les plumes de la tête et du dos sont bordées de noir; les plumes de la gorge et de la poitrine sont bleu avec reflets violets et bordure noirâtre; plumes de la nuque bleu clair bordées de noir; bride rouge; les petites rémiges primaires ont la barbe externe rouge à la base; bord de l'aile de même couleur; bec rouge.

Toutes les rémiges primaires ont les barbes internes noires et les externes bleu clair à la pointe; les rectrices externes ont les barbes des deux côtés rouges à la base, et celles internes jaune d'or; pattes noirâtres; œil brun rouge.

Ce perroquet habite le sud du Brésil et le Paraguay.

Fig. 4. Perroquet à ventre pourpre ou Perroquet de la Martinique.

(CHRYSOTIS SALLÆI Sclat.).

En allemand : *Blaukrone* (à couronne bleue), ou *Domingo Amazone*. — En anglais : *Sallé's Amazon*.

Vert; chaque plume bordée de noir; front et tour des yeux blancs; vertex bleuâtre; tache noire sur l'oreille; tache rouge au milieu du ventre.

Les rémiges primaires et leurs couvertures ainsi que les plumes du bras ont les barbes externes bleu clair, les internes noires; les rectrices ont la base rouge et les barbes internes jaune d'or; la pointe vert jaune; les plus extérieures ont les barbes externes bleu clair; bec et pattes couleur de chair jaunâtre; œil brun rouge.

Habite l'île de Saint-Domingue.

Fig. 5.   Perroquet à tête blanche ou Perroquet
à face rouge.

(CHRYSOTIS LEUCOCEPHALA L.).

En allemand : *Kuba Amazone*. — En anglais : *White fronted
Amazon* (à front blanc).

Vert ; chaque plume bordée de noirâtre, particulièrement
celles de la nuque ; devant de la tête blanc ; joues et gorge
rose ; milieu du ventre violet rougeâtre ; bec jaunâtre.

Les rémiges primaires ont les barbes externes bleu clair ;
les internes noires ; leurs couvertures sont de même couleur
ainsi que les plumes du bras ; les rectrices extérieures ont la
barbe externe bleu clair ; toutes les barbes internes rouges
à la base ; vert jaune à la pointe ; œil brun rouge ; pattes
brun jaune.

La patrie de ce perroquet est l'île de Cuba.

Fig. 6.   Perroquet à joues vertes.

(CHRYSOTIS COCCINEIGENIS Sou.).

En allemand : *Grünwangen Amazone* (même sens). — En
anglais : *Green Cheeked Amazon* (même sens).

Vert ; plumes de la nuque et du dos bordées de noirâtre ;
dessus de la tête rouge ; une bande bleu d'outre-mer commence au-dessus de l'œil et passe de chaque côté en arrière
de la tête ; les pennes de la main ou la pointe bleu noir ; les
plus petites ont les barbes externes rouges à la base, ce qui
forme un miroir rouge sur l'aile.

La queue est toute verte, mais plus claire à la pointe ; bec
jaunâtre ; pattes brunâtres ; œil jaune brun passant au brun
rouge.

Une espèce tout à fait voisine, l'amazone du Mexique
(Chrysotis Froschi Sclat.) diffère de celle-ci en ce que le
front et la bride seuls sont rouges, tandis que le dessus et le
derrière de la tête sont bleus, que la bande bleue manque
derrière la tête, et que les plumes du dessous sont bordées de
noir. Elle habite le Mexique.

Fig. 7.   Perroquet à joues oranges.

(CHRYSOTIS AUTUMNALIS L.).

En allemand : *Gelbwangen Amazone* (même sens). — En
anglais : *Yellow Cheeked Amazon* (même sens).

Vert ; plumes de la nuque bordées de noirâtre ; front et
bride rouges ; dessus de la tête bleu clair ; joues jaune d'or ;
les petites pennes de la main sont rouges à la base de la
barbe externe, ce qui forme miroir sur l'aile.

Toutes les rémiges primaires ont la pointe noir bleu ; les
rectrices sont vert jaune à la base ; les externes sont bleues
à la base des barbes extérieures, rouges à celles des barbes
internes.

Habite le sud du Mexique et Guatemala.

Traduction du Dr REICHENOW, par FAUCHEUX.

PLANCHE XX

Perroquets d'Afrique.

Nous nommons *Inséparables* un certain nombre de petits perroquets qui habitent les plaines brûlantes de l'Afrique. La tendresse que les deux sexes se témoignent chez ces petits oiseaux, l'harmonie qui règne dans chaque couple, comme la concorde qui unit leurs grandes sociétés, justifient parfaitement cette dénomination. On leur a donné encore le nom de *Perroquets nains* (Zwergpapageien); il conviendrait bien mieux cependant à un groupe indigène de la Nouvelle-Guinée, qui comprend les plus petits de tous les perroquets et qui figurera sur une de nos planches suivantes. On a tort, en tous cas, de confondre ces derniers, ou les petites perruches naines de l'Amérique en un seul groupe avec les Inséparables qui portent, dans la science, le nom générique d'*Agapornis*; ces oiseaux n'ont, en effet, rien de commun entre eux, que leur taille exiguë.

Autant les Inséparables se montrent pacifiques entre elles, autant elles se montrent intolérantes envers les autres; aussi doit-on se garder de les tenir avec des oiseaux plus faibles, même dans un grand espace. Les Inséparables offrent à l'ornithologie un intérêt tout particulier par une façon originale de construire leur nid, différente même de celles de tous les oiseaux en général. La découverte de cette particularité est un des nombreux services que Brehm a rendu à la science théorique ou pratique. D'après les observations de ce naturaliste, les Psittacules roses (agapornis roseicollis), pour construire leurs nids, déchiquettent le bois en petits éclats, ou effilent des écorces tendres en morceaux de 8 à 10 cent. de long, puis, les fichent entre les plumes de leur croupion, les rapportent ainsi au nid pour les y déposer en un creux propre à recevoir les œufs. Brehm a parlé en détail des mœurs des Inséparables et des soins qui leur sont nécessaires (dans son ouvrage des *Oiseaux en captivité*, vol. I, p. 176 à 184).

Notre planche représente avec les Agapornis, trois variétés plus rares des *Pionias*, vivant aussi dans les régions tropicales de l'Afrique.

Fig. 1. Psittacule rose.

(Agapornis roseicollis Vieill.).

En allemand : *Rosenpapagei*. — En anglais : *Rosy-faced Love Bird* (oiseau chéri à face rose).

Vert; face rose, tournant à l'écarlate sur le devant de la tête; croupion et couvertures supérieures de la queue bleu clair; couvertures des ailes vertes.

Les deux rectrices intermédiaires sont vertes avec la pointe bleuâtre; les autres sont rouges à la base avec une barre noire avant le bleu de la pointe; mais sur les barbes internes seulement; bec jaune de cire; pattes grises; œil brun; un liséré blanc et un autour de l'œil.

La femelle a tout à fait les mêmes couleurs, seulement le rouge du front et celui de la gorge sont un peu moins accusés chez le jeune oiseau, le front est vert, les joues et le menton sont rose pâle, le bec n'est gris qu'en partie.

La Psittacule rose habite le sud de l'Afrique, principalement le sud-ouest; elle nous vient particulièrement d'Angola. La construction du nid propre à cette espèce a été mentionnée plus haut.

Fig. 2. Psittacule à masque rouge.

(Agapornis tarantæ).

En allemand : *Gebirgspapagei* (perroquets des montagnes). — En anglais : *Abyssinian Love Bird*.

Vert; devant de la tête, bride et liséré du tour de l'œil, rouges; pennes de la main et leurs couvertures brun foncé; pennes du bras et leurs couvertures moyennes noires ainsi que les couvertures inférieures des ailes; queue verte avec barre noire avant la queue; bec rouge carmin; pattes et œil bruns; la femelle se distingue par le front d'un rouge plus jaune; chez les jeunes oiseaux le front est vert, les couvertures inférieures des ailes et des rémiges secondaires ainsi que leurs couvertures moyennes sont brun foncé.

La Psittacule à masque rouge se distingue de toutes les espèces voisines par une longue plume de l'arrière aile qui s'étend jusqu'à la pointe des pennes de la main. Elle habite les hautes régions montagneuses de l'Abyssinie entre cinq et dix mille pieds d'altitude, où on la rencontre par petits vols. Elle n'a pas encore été importée vivante en Europe.

Fig. 3. L'Inséparable.

(Agapornis pullaria L.).

En allemand : *Unzertrennlich*, même sens. — En anglais : *West African Love Bird*.

Verte; face rouge; croupion bleu clair et couvertures de l'aile noires.

Les deux rectrices moyennes sont complètement vertes, les autres sont jaune vert à la base, rouges dans le milieu, avec une barre noire avant la pointe qui est vert jaune; bec rouge clair; pattes grises; iris brun.

Chez la femelle, la couleur de la face se rapproche plus du minium et est moins accentuée. Les jeunes ont la face rouge jaune et les couvertures inférieures de l'aile vertes.

Cette espèce habite tout l'ouest de l'Afrique et l'est de l'Afrique centrale. Elle est souvent exportée en Europe des possessions portugaises situées sur la côte occidentale de l'Afrique.

Fig. 4. **Psittacule de Van Swindern.**

(AGAPORNIS SWINDERNI Kuhl.)

En allemand : *Liberia Papagei*, même sens. — En anglais : *Liberian Parrot*.

Vert; jaune olivâtre sur la poitrine; collier noir sur la nuque; croupion et couvertures supérieures de la queue bleu.

Les rectrices sont rouges à la base et ont une barre noire avant la pointe; cette barre manque cependant sur les deux rectrices médianes. Couvertures inférieures de l'aile vertes. Bec gris plomb avec la pointe claire. Pattes noirâtres. Œil brun foncé.

La patrie de cette rare espèce qui n'a pas encore été importée vivante en Europe, n'a été bien déterminée que depuis quelques années, par un voyageur allemand qui l'a recueillie sur le territoire de Libéria.

Fig. 5. **Psittacule à tête grise. Petite perruche de Madagascar.**

(AGAPORNIS CANA Gm.)

En allemand : *Grauköpfchen* (à tête grise). — En anglais : *Grey-headed Love-bird* (même sens).

Vert; tête, cou et poitrine gris clair à reflet violet; couvertures inférieures des ailes noires; queue vert jaune, à la base, avec large barre noire au milieu et la pointe verte.
Pattes et bec gris plomb. Œil brun.

La femelle a la tête et le cou vert, la face plus foncée, les couvertures inférieures des ailes vertes aussi; pour tout le reste elle ressemble au mâle.

Cette perruche habite Madagascar et l'île Maurice. On la tient très souvent en captivité en Europe.

Fig. 6. PŒOCEPHALUS CITRINOCAPILLUS.

En allemand : *Citronenkopf.* — En anglais : *Yellow headed Parrot.*

La couleur fondamentale est le vert avec une teinte de brunâtre olive. Dessous du corps et croupion bleu de mer; les sous-caudales, les cuisses et le bord des ailes jaune; la tête est couleur de citron.

Dessus du bec brun gris bleuâtre; mandibule inférieure blanchâtre; pattes brunâtres; œil rouge minium.

Cet oiseau n'a encore été trouvé jusqu'à présent qu'au fond de l'Abyssinie.

Il ressemble beaucoup au *Pœocephalus flavifrons* (Rüpp.) chez lequel, cependant, toute la tête est vert pomme, les ailes et la queue seules sont nuancées d'olivâtre, et le devant seulement de la tête est jaune citron. Elle habite les régions montagneuses septentrionales de l'Abyssinie et s'élève jusqu'à 3,000 pieds d'altitude.

Fig. 7. PŒOCEPHALUS RUFIVENTRIS Rüpp.

En allemand : *Rothbauch Mohrenkopf* (tête de Maure à ventre rouge). — En anglais : *Red Billied Parrot.*

Tête, cou et poitrine brun gris; la poitrine teintée de rouge minium; le bas du poitrail et le haut du ventre ainsi que les couvertures inférieures des ailes, rouge minium; sous-caudales et couvertures inférieures de la queue vert bleuâtre clair. Le dos et les ailes d'une couleur brune indécise, irisée de bleuâtre. Croupion et couvertures inférieures de la queue, bleu.

Rémiges et couvrides brunes. Bec et pattes noires. Œil jaune.

Le jeune oiseau n'a pas de rouge sous le corps; le dessous comme la tête et les couvertures inférieures de l'aile sont gris brun.

Il habite l'est de l'Afrique et particulièrement le sud de l'Abyssinie et le territoire des Somalis.

Fig. 8. **Perruche à tête brune.**

(PŒOCEPHALUS FUSCICAPILLUS Verr.)

En allemand : *Braunkopf-papagei* (même sens). — En anglais : *Brown headed Parrot* (même sens).

Vert, avec la tête brune; une teinte grise sur l'occiput. Couvertures inférieures de l'aile jaune vif. Œil jaune. Mandibule supérieure noirâtre, l'intérieur plus pâle. Pattes noirâtres.

Le jeune a la tête plus brune olive; un trait noirâtre pour bride.

La perruche à tête brune habite dans l'Afrique orientale l'île de Zanzibar.

Traduction du Dr REICHENOW, par FAUCHEUX.

Tab. 70.

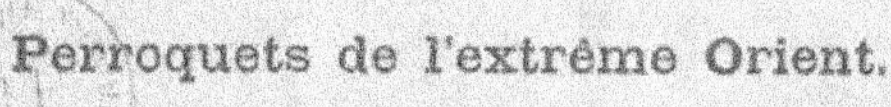

Perroquets de l'extrême Orient.

La partie orientale des îles de la Polynésie, entre le 160° degré de longitude orientale et le 160° de longitude occidentale, renferme un petit groupe de perroquets auxquels leur gracieuse tournure et les charmantes couleurs de leur plumage ont valu le nom vulgaire de *Baselani* (lori des demoiselles), et celui scientifique de *Coryphilus* (chéri des dames[1]). Ils appartiennent à la famille des *Loris* (Pinselzüngler, perroquets à langue en brosse), et se rapprochent, par leur tournure générale, soit des *Demoiselles*, soit des *Trichoglosses*, dont nous avons déjà parlé dans une planche précédente. Cependant, on les en distingue toujours par les plumes minces et allongées du dessus de la tête et de la nuque. Toutes les variétés sont étroitement localisées, de sorte que chaque groupe d'îles en possède une caractéristique.

Les Coryphiles se nourrissent, comme tous les autres Loris, du nectar des fleurs et de fruits mous et succulents. Ils se cachent volontiers dans les cimes des cocotiers où leur présence n'est signalée que par le bruit de leurs sifflements répétés. C'est là aussi qu'ils construisent leurs nids, dans les interstices des grappes dépouillées de leurs fruits, ou dans des noix de coco qui, percées par les rats, se sont vidées, desséchées et restent suspendues à leur pédoncule. À certaines époques, ils parcourent ces contrées par grandes troupes, visitant tantôt l'une tantôt l'autre des îles voisines. Les indigènes les capturent souvent et les nourrissent de noix de coco et de canne à sucre. Ils se servent, pour les prendre, de deux bâtons de bambous dressés l'un près de l'autre; sur l'un des deux, ils placent un oiseau apprivoisé; l'extrémité de l'autre porte un lacet fait de fibres de coco. À l'appel du captif, les oiseaux libres accourent, se perchent sur le bambou et se prennent au lacet.

Plusieurs de ces charmants oiseaux sont déjà parvenus vivants sur le marché européen. Sur leur entretien en captivité, il faut consulter les *Oiseaux captifs*, de Brehm, sur les loris, 1er volume, pages 277, 278 et 282.

Fig. 1re. Psittacule d'Otaïti ou Lori Ari-Manou.

(Coriphilus taïtianus Gm.).

En allemand : *Saphir-lori.* — En anglais : *White-Throated Lory* (Lori à gorge blanche).

Bleu foncé; joues et gorge blanches. Bec, pattes et œil rouge minium.

Les rémiges et les rectrices ont les barbes externes noir mat avec une nuance bleu foncé.

Chez les jeunes oiseaux, le bec et les pattes sont noirâtres, les joues et la gorge gris noir.

Cette belle petite perruche habite les îles de la Société.

Fig. 2. Psittacule bleue.

(Coriphilus smaragdinus Hombr. Jacq.).

En allemand : *Smaragd-lori* (lori émeraude). — En anglais : *Superbe Lory.*

Front, dessus du corps et ailes bleu de ciel, plus clair sur le croupion. Une large bande sur la poitrine, les cuisses et sous-caudales sont bleu d'outre-mer. Les plumes minces, en forme de lancettes, du dessus de la tête sont bleu d'outre-mer avec une fine hampe blanche. Les côtés de la tête, la gorge et le ventre sont blancs.

Les rectrices ont les barbes extérieures et la pointe bleu clair, les barbes intérieures blanches avec bordure interne noire. Les rémiges ont les barbes externes bleu clair, celles internes et le dessous, noir. Bec et pattes rouge minium. Œil orangé.

Chez le jeune oiseau, les joues, la gorge et le ventre sont gris noir, puis la couleur blanche se montre peu à peu, de sorte que, dans le plumage de transition que notre figure représente, cette partie du corps paraît noire et semée de blanc. Bec et pattes noirâtres.

Ce sont les îles Marquises que cette perruche habite.

Fig. 3. Cyanoramphus alpinus.

En allemand : *Alpensittich* (perruche alpestre). — En anglais : *Alpine Parrakeet.*

Verte; dessous plus clair. Dessus de la tête jaune verdâtre clair; bandeau au front et bride rouge minium, une tache de même couleur de chaque côté du croupion.

Les rémiges sont noirâtres; les premières ont une bordure externe bleue, les dernières une bordure verte, et toutes portent une tache blanche au milieu des barbes internes, ce qui forme, en dessous, une barre blanche. Bec gris plomb. Pattes brunâtres. Œil jaune.

Elle habite les parties élevées des Alpes de la Nouvelle-Zélande, où se rencontre déjà sa proche parente, la Perruche pacifique, représentée pl. XVI; elle y vit à la manière des Platycerques, mais plus souvent sur les arbres que cette dernière, et se nourrissant, la plupart du temps, de baies.

---

1. Du grec κόρη (jeune fille) et φιλέω (j'aime).   (Note de la traduction).

Fig. 4. (CYANORAMPHUS AURICEPS Kuhl).

En allemand : *Springsittich* (perruche sauteuse). — En anglais : *Yellow-fronted Parrakeet* (perroquet à front jaune).

Cette perruche est très voisine des précédentes, mais elle s'en distingue aisément par la couleur jaune d'or du dessus de la tête, et le rouge carminé du bandeau au front et de la tache de même couleur sur le croupion.

Elle habite aussi la Nouvelle-Zélande, mais elle reste plutôt dans les vallées et au pied des montagnes. Une race issue de celle-ci et reconnaissable à sa taille plus petite, habite les îles Ouiskland et porte le nom de C. *Malherbii Souancé*. Quelques savants font de ces trois perruches les variétés d'une même espèce, mais les recherches sur ce point ne sont pas définitives, il est donc de toute nécessité de séparer ces perruches les unes des autres, en attendant que le fait soit éclairci.

Fig. 5. Lori écarlate ou Psittacule de Kuhl.

(CORIPHILUS KUHLI Vig).

En allemand : *Robin-Lori ou Liebes-Vogel* (oiseau d'amour). — En anglais : *Lori-Bird ou Ruby-Lori*.

Côtés de la tête, gorge et poitrine, d'un rouge écarlate magnifique. Les plumes du dessus de la tête sont allongées, étroites, ordinairement dressées en une huppe hérissée; les antérieures sont vertes; celles postérieures violet foncé. Nuque et ailes vertes; teinte jaune olive entre les épaules; croupion, couvertures supérieures de la queue, bas du croupion et couvertures inférieures de la queue, vert jaune; milieu du ventre, sous-caudales et cuisses violet.

Les rectrices sont rouges, avec la pointe jaune vert, et une bordure extérieure violet foncé. Rémiges noir mat; les premières avec bordure externe bleuâtre, les dernières avec bordure verte. Pattes et œil rouge minium.

La patrie de ce beau perroquet n'est bien déterminée que depuis quelques années. Son habitat est peu étendu; vers le 150e degré de longitude occidentale, sur l'île Fanning et sur celle de Washington qui se trouve au nord-ouest de la première.

Une espèce voisine, la solitaire (Einsiedler) ou Coriphilus solitarius (Lath) habite les îles Fidji. Elle est de couleurs plus simples. Le dos est vert comme les ailes, le croupion est d'un vert un peu plus clair. Tout le dessus de la tête, dont les plumes peu allongées ont la forme ordinaire, est d'un noir violet. Au contraire, les plumes de la nuque sont allongées, détachées; les supérieures ont une barre vert clair; les postérieures une barre rouge. Côtés de la tête, gorge et poitrine sont rouges; le ventre et les cuisses noir violet, les couvertures inférieures de la queue vertes. Les rectrices sont vertes avec tache jaune rouge à la base des barbes intérieures.

Fig. 6. Lori à bandeau d'or.

(TRICHOGLOSSUS AUREICINCTUS Lay).

En allemand : *Rothkäppchen* (à calotte rouge). — En anglais : *Red-Lapped Lorikeet* (même sens).

Vert; devant des joues et de la poitrine rouge, la dernière limitée en dessous par une mince barre jaune d'or. Cuisses rouges. Les rectrices ont la pointe jaune et une tache rouge à la barre des barbes internes; bec et pattes rouge minium, œil orange.

La femelle a la face rouge pâle et les cuisses vertes.
Habite les îles Fidji.

Fig. 7. Psittacule fringillaire.

(CORIPHILUS FRINGILLACEUS Gm.).

En allemand : *Blauköppchen* (à calotte bleue). — En anglais : *Blue-crested Lori* (même sens).

Couleur principale, vert, jaunâtre olive entre les épaules. Les plumes étroites et allongées du dessus de la tête sont bleu d'outre-mer. Côtés de la tête et gorge rouges; sur le ventre, tache de même couleur qui tourne au violet vers les sous-caudales. Les cuisses sont violettes.

Rectrices jaunes à la pointe, et à la barbe interne, ainsi qu'en dessous; rougeâtres à la barre des barbes internes. Rémiges primaires noir mat, avec bordure extérieure verte. Bec, œil et pattes rouge minium.

La Psittacule fringillaire habite les îles des Amis et des Navigateurs.

Traduction du Dr REICHENOW, *par* FAUCHEUX.

Les Pyrrhures.

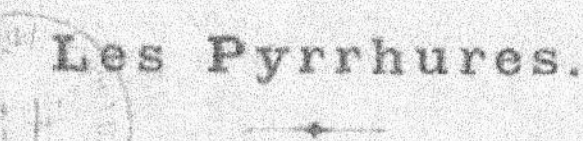

Les plus petits *Conures* de l'Amérique constituent un genre bien nettement défini, qui contient environ 20 espèces : on l'a nommé *Pyrrhura* (en allemand, Rotschwanzsittiche ou perruche à queue rouge), à cause de la couleur rouge cuivré de la queue propre à ces perruches. Ce genre est répandu sur toute l'Amérique du Sud, dans les régions chaudes comme dans celles tempérées. C'est à lui qu'appartient la perruche émeraude (fig. 3) qui, avec la perruche de la Patagonie, représentée dans notre 2e planche, anime les plaines inhospitalières de la Patagonie, et le sud du Chili, étendant son habitat jusqu'au détroit de Magellan.

Outre cette race, notre planche donne encore, dans les figures 1 et 2, d'autres représentants du genre pyrrhura. La perruche à long bec (fig. 8), se caractérise aussi par une queue rouge cuivré, et se distingue de tous les perroquets d'Amérique par son bec mince et allongé. Elle occupe, en quelque sorte, parmi les conures de l'Amérique, la même place que le *psittacus* dentu tient au milieu des cacatois de l'Australie. Comme à ce dernier, son long bec lui rend de grands services en lui permettant de rechercher en terre les tubercules et les grains de maïs ou d'autres céréales en germination ; elle s'en sert aussi comme d'un foret pour attendre les pépins des fruits.

Ces oiseaux sont extraordinairement abondants dans les forêts de hêtres du Chili méridional, particulièrement dans le voisinage de Valdivia ; cependant ils arrivent rarement sur notre marché.

Leur rusticité les recommande particulièrement comme oiseaux de captivité.

Les figures 4, 5 et 7 de notre planche représentent des conures proprement dits ; dans la figure 6, on voit le plus petit des aras que l'on connaisse.

Fig. 1er. Perruche Tiriba.

(Pyrrhura cruentata Neuw.)

En allemand : *Blaulatzsittich* (perruche à jabot bleu). — En anglais : *Red-eared Conure* (conure à oreille rouge).

Verte ; jabot teinté de bleu ; dessus de la tête brun noir ; joues brun rouge au-dessous de l'œil ; oreilles brun jaune ; croupion et milieu du ventre, rouge ; pli de l'aile rouge écarlate.

Les plumes de la queue sont jaune olive en dessus ; rouge cuivré éclatant en dessous. Les rémiges sont d'un noir mat, les primaires ont les barbes extérieures vert bleu, les autres les ont vertes. Bec et pattes brun foncé. Œil orangé.

La perruche Tiriba habite le Brésil.

Fig. 2. Perruche à bandeau.

(Pyrrhura vittata Shaw.)

En allemand : *Braunohr-Sittich* (perruche à oreille brune). — En anglais : *Red-bellied Conure* (conure à ventre rouge).

Verte ; oreille, gorge et poitrine d'un brun jaune pâle, ces mêmes parties du plumage sont couvertes de courtes rayures foncées ; tache rouge cuivré sur le ventre ; mince bandeau rouge brunâtre foncé sur le front.

Les plumes de la queue sont jaune olive en dessus, d'une légère nuance rouge cuivré à la pointe, rouge cuivré éclatant en dessous. Bec brun foncé plus clair à la pointe. Pattes noirâtres. Œil brun. Tour de l'œil nu et blanchâtre.

Le Brésil est sa patrie.

Fig. 3. Perruche émeraude.

(Pyrrhura smaragdina Gm.)

En allemand : *Smaragdsittich* (même sens). — En anglais : *Chilian Conure* (conure du Chili).

D'une couleur verte qui, en dessous, tourne à la nuance olive. Toutes les plumes sont bordées de noirâtre ; le front, le ventre, les sous-caudales et les couvertures de la queue sont rouge cuivré ; les dernières ont la pointe verdâtre.

Les rémiges sont brun foncé avec les barbes externes vert bleu et celles internes vert olive. Bec et pattes noirâtres. Œil jaune.

La perruche émeraude est, avec la perruche de Patagonie, l'espèce propre à l'extrême Sud. Elle habite le Chili jusqu'au détroit de Magellan.

Fig. 4. Perruche de Wagler.

(Conurus Wagleri G. R. Gray.)

En allemand : *Columbia-Sittich*. — En anglais : *Wagler's Conure*.

Verte ; devant de la tête rouge écarlate. Elle a parfois un plastron rouge et quelques plumes rouges sur les parties inférieures du corps, aux joues et sur la calotte.

Les rémiges et les rectrices sont jaune olive en dessous. Le bec est blanc corné, les pattes brun jaune, l'œil brun.

Habite le Vénézuela et la Colombie.

Il existe dans l'Équateur une espèce qui approche beaucoup de celle-ci, c'est le *C. erythrogenys* (Less.) (Rothmasken-sittich, perruche à masque rouge). Elle se différencie par le front et la face, les couvertures inférieures des ailes et parfois aussi l'épaulette, qui sont colorés de rouge.

Fig. 5. Perruche Nanday.

(CONURUS NENDAY Ill.)

En allemand : *Nanday-Sittich.* — En anglais : *Black-headed Conure* (conure à tête noire).

Vert; dessous jaunâtre; dessus du corps et face d'un noir brun, qui, vers les parties postérieures, tourne au brun de châtaigne. Gorge et poitrine vert bleu pâle; calotte rouge.

Les rectrices sont vertes avec la pointe bleu clair, noires en dessous, bec noir, pattes rose pâle, œil rouge foncé, rémiges et couvertures de la main noires avec les barbes extérieures vertes et bleues en partie.

La perruche Nanday a été récemment importée vivante en Allemagne. Elle habite le Paraguay.

Fig. 6. Ara pavouane.

(SITTACE NOBILIS L.)

En allemand : *Blaustirn-Arara* (au front bleu). — En anglais : *Noble Parrot.*

Vert; dessus de la tête bleu; pli de l'aile et couvertures inférieures de l'aile rouges. Rémiges et rectrices jaune olivâtre en dessous. Dessous du bec blanc jaunâtre ainsi que les tempes qui sont nues. Mandibule inférieure noirâtre, œil brun rouge; pattes noires.

Ce petit ara habite le Brésil. Une variété, que l'on trouve en Guyane et dans l'État de Venezuela, est encore inférieure en taille à celui du Brésil; il a aussi la mandibule supérieure noirâtre. Il porte le nom de *Sittace Hahni* Souancé ou Nördlicher Blaustirn-Arara.

Fig. 7. Perruche péruvienne.

(CONURUS FRONTATUS Cab.)

En allemand : *Peru-Sittich.* — En anglais : *Red-fronted Conure* (conure à front rouge).

Verte; d'un vert jaunâtre en dessous; front et vertex, pli de l'aile et bordure du pouce rouges; souvent aussi la cuisse et quelques plumes du poitrail sont rouges.

Rémiges et rectrices jaune olive en dessous; le bec blanc jaunâtre; pattes noirâtres; œil brun clair.

Sa patrie est le Pérou.

Il existe une espèce très voisine, le *conurus mitratus* Tschudi, du Pérou et de la Bolivie; elle se distingue par une taille sensiblement inférieure et aussi par l'ensemble de sa couleur qui est d'un vert plus foncé, par l'absence du rouge au pli de l'aile et au pouce, et parce que le front et la tempe sont seuls nuancés de rouge, le vertex ne l'étant pas.

Il est encore une espèce plus petite, le *conurus hilaris* Burm, du Tucuman; il ressemble au *mitratus* pour les couleurs. Le *conurus Finschi*, du Veragua, est aussi de la même taille que ce dernier, mais pour la couleur il ressemble complètement à la perruche péruvienne.

Fig. 8. Perruche à long bec.

(HENICOGNATHUS LEPTORHYNCHUS King.)

En allemand : *Langschnabelsittich* (même sens). — En anglais : *Slight-billed Parrakeet* (perruquet à bec mince).

Vert; vert olive en dessous; plumes du devant de la tête bordées de noirâtre. Bandeau, bride et rectrices, brun rouge cuivré; petite tache de la même couleur au milieu du ventre.

Rémiges noires, vert bleuâtre sur les barbes extérieures, à reflets jaune olive en dessous. Bec brun gris, pattes noirâtres; œil jaune d'or.

La perruche à long bec habite le Chili; dans les régions froides du Sud, c'est un oiseau de passage.

Traduction du Dr Reichenow, par Faucheux.

Les Pséphotes.

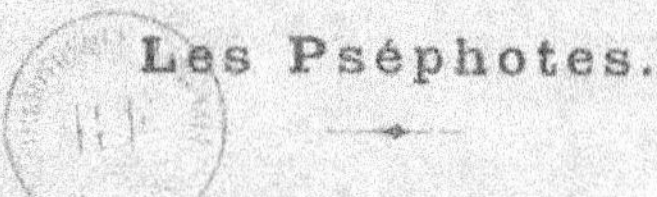

Nous avons déjà eu l'occasion de faire observer que les platycerques de l'Australie se distinguent avantageusement des autres genres de la même espèce par leur voix harmonieuse. Chez quelques-uns d'entre eux, cette voix va même jusqu'à un chant un peu court, ou plutôt, comme on l'exprime habituellement, un caquetage agréable. Ces perruches qui se rattachent aux Euphèmes (perruches des prairies), sont rassemblées dans un sous-genre spécial, celui des perruches chanteuses (Singsittich), dont le nom scientifique est *Psephotus*, et dans lequel on connaît aujourd'hui six espèces. Leur tournure aimable, l'éclat de leur plumage, joints à leur rusticité, rangent ces perruches parmi les plus recommandables en captivité. Il est possible, avec des soins convenables, de les conserver longtemps; il y en a beaucoup d'exemples; il n'est même pas difficile de les faire reproduire en captivité.

Leurs aliments principaux sont le millet, l'alpiste et le chènevis; quelques-unes préfèrent même ce dernier grain. Il ne faut pas non plus les laisser manquer de verdure fraîche : les jeunes branches de saule, les boutons de fleurs de mouron, des crucifères, du pissenlit, du trèfle et autres plantes analogues; les sorbes, la carotte râpée leur font grand plaisir; il faut éviter, au contraire, de leur donner de la salade et du chou. Ces mêmes aliments sont tout à fait indispensables pour l'élevage des petits.

Les pséphotes font, comme les perruches ondulées, plusieurs couvées de suite. La ponte consiste ordinairement en 2 ou 3 œufs, rarement un plus grand nombre; l'incubation dure de 21 à 22 jours.

Les figures 1, 3, 4, 5 et 6 de notre planche représentent des pséphotes : Il y manque une race qui a pu être omise ici sans inconvénient à cause de son analogie avec la perruche à bonnet bleu; elle aura sa mention dans une planche postérieure.

Fig. 1er. Perruche à croupion rouge.

(Platycercus Hæmatonotus Gould.)

En allemand : *Blutsteißsittich* (perruche à reins rouges). — En anglais : *Blood-rumped Parrakeet* (même sens).

Vert bleuâtre; nuque, poitrine et couvertures de la queue d'un vert clair; croupion brun rouge; ventre jaune; sous-caudales jaune verdâtre; couvertures inférieures de la queue blanches.

Les rémiges de la main, et leurs couvertures sont les barbes extérieures bleu foncé, les couvertures inférieures et le bord des ailes sont de même couleur. Petite tache jaune sur l'aile. Les deux rectrices intermédiaires sont d'un vert sale, bleuâtre à la pointe; les autres sont bleu clair à la base, avec les barbes internes noirâtres, et la pointe blanche; bec noirâtre; pattes brun gris; œil brun foncé.

La femelle est d'une couleur vert olive, elle n'a pas la tache brun rouge du croupion.

Cette perruche habite l'Australie; elle a été souvent importée vivante en Europe.

Fig. 2. La Perruche cornue.

(Cyanoramphus cornutus Gm.)

En allemand : *Hornsittich* (même sens). — En anglais : *Horned Parrakeet*.

Elle se distingue par deux plumes longues et minces sur le dessus de la tête; verte, plus claire en dessous; derrière de la tête, oreilles et ventre jaunâtres; dessus de la tête rouge; les deux plumes allongées de la tête sont noires avec la pointe rouge, région de l'œil et brides noirâtres.

Les rémiges de la main et leurs grandes couvertures, ainsi que les rémiges primaires, sont bleu foncé à l'extérieur, noires en dedans; bec gris plomb avec la pointe plus claire; pattes gris plomb; œil rouge jaune.

La femelle n'a pas les plumes allongées de la tête.

La Nouvelle-Calédonie est la patrie de cette belle perruche évidemment voisine de la perruche de la Nouvelle-Zélande (Ziegensittich) et qui a été importée récemment vivante à Londres.

Fig. 3. La Perruche à bonnet bleu.

(Platycercus hæmatogaster Gould.)

En allemand : *Gelbsteißsittich* (perruche à croupion jaune). — En anglais : *Blue-bonnet Parrakeet*.

Dessus du corps, tête, gorge et poitrine brun olive gris; face, pli et bord de l'aile, grandes couvertures de la main et couvertures inférieures des ailes bleu d'azur; dessous jaune pâle; milieu du ventre rouge écarlate; grosse tache jaune brunâtre sur l'aile.

Rémiges brun noir avec bordure extérieure bleu d'azur, les deux rectrices intermédiaires d'un vert olive grisâtre; avec la petite pointe bleu d'azur; les autres blanches à la pointe, bleu d'azur à la base, avec bordure intérieure noire. Bec gris plomb, plus clair à la pointe; pattes brunes; œil brun foncé.

On n'a pu encore déterminer bien précisément si la femelle âgée, et qui a toutes ses couleurs, se distingue du mâle, et par quels caractères.

La patrie de cette perruche est l'intérieur de la Nouvelle-Galles du Sud. Une variété très voisine, le *Platycercus haematonotus* Bp., se distingue par les couvertures inférieures de la queue rouge écarlate, le pli de l'aile bleu clair, et une tache brun rouge sur l'aile. Elle remplace la précédente dans le sud et l'ouest de l'Australie.

Fig. 4. La Perruche du Paradis

(PLATYCERCUS PULCHERRIMUS Gould.)

En allemand : *Paradiessittich*. — En anglais : *Beautiful Parrakeet* (perruche magnifique).

Dessus de la tête, nuque, dos et ailes brun; bandeau sur le front, petites couvertures des ailes, ventre, derrière et couvertures inférieures de la queue, rouge écarlate; bleu et côtés du cou, gorge et poitrine vert bleuâtre; région de l'œil jaune; croupion et couvertures supérieures de la queue bleu.

Les deux rectrices médianes sont bleu foncé, verdâtres à la base; les autres sont bleu clair, plus pâle à la pointe; les trois externes portent à la base une barre noire. Bec gris plomb, plus clair à la pointe; œil brun jaune.

La femelle a un bandeau jaunâtre; la gorge vert grisâtre et une tache rouge foncé sur l'aile.

Habite la Nouvelle-Galles du Sud.

Fig. 5. La Perruche de Brown.

(PLATYCERCUS BROWNI Temm.)

En allemand : *Schwarz Kopfsittich* (perruche à tête noire). — En anglais : *Brown's Parrakeet*.

Tête noire; sur chaque joue une tache blanche, limitée en dessous par une teinte bleu d'azur; front quelquefois rouge foncé; plumes de la nuque, de la partie supérieure du dos et des épaules, noires, bordées d'un jaune pâle; reins, croupion et tout le dessous du corps, jaune pâle; couvertures inférieures de la queue rouge écarlate.

Couvertures supérieures et inférieures des ailes, bleu d'azur; épaulettes noires; rémiges et grandes couvertures des ailes, brun noir, avec la barbe externe bleue; les deux rectrices médianes bleu foncé verdâtre; les autres d'un blanc bleuâtre vers l'extrémité, la pointe même est blanche; la base bleue à l'extérieur, noirâtre en dedans. Bec et pattes gris de plomb; sommet et pointe du bec, plus pâles; œil brun foncé.

La femelle se distingue par une tête brun noir et la coloration jaune gris du corps, au lieu du jaune pâle du mâle.

La perruche de Brown, qu'il faut ranger en réalité parmi les platycerques, habite le nord de l'Australie.

Fig. 6. Perruche aux ailes d'or.

(PLATYCERCUS CHRYSOPTERYGIUS Gould.)

En allemand : *Goldschultersittich* (perruche à épaules d'or). — En anglais : *Golden-shouldered Parrakeet* (même sens).

La couleur du fond est le bleu clair, teinté en partie de verdâtre; le haut du dos et les plumes des épaules sont gris brunâtre; le dessus de la tête brun noir; bandeau sur le front et région de l'œil jaune; couvertures des ailes jaune vif; ventre, derrière et couvertures inférieures de la queue, rouge écarlate clair.

Rémiges brun noir avec bordure extérieure bleue; les deux rectrices médianes vert foncé à la base, bleu foncé à la

pointe; les autres vert bleu barrées de noir et blanches, à la pointe; bec et pattes gris de plomb clair; œil brun foncé.

La femelle se distingue du mâle par une nuance de couleur plus claire, et par la nuance olive gris du dos et des épaules. Habite le nord-ouest de l'Australie.

Fig. 7. La Perruche de Latham.

(NANODES DISCOLOR Shaw.)

En allemand : *Schwalbensittich* (perruche hirondelle). — En anglais : *Swift Lorikeet* (lori léger).

Verte; devant de la tête bleuâtre; flancs jaunâtres; bandeau sur le front; gorge et couvertures inférieures des ailes, rouge écarlate; bride jaune; pli de l'aile rouge brun; couvertures inférieures de la queue rouge clair, avec bordure vert jaune; les deux rectrices médianes brun rouge, bleues à la pointe, les autres bleu foncé, avec des barbes externes brun rouge à la base.

Rémiges noires; celles de la main ont des bordures internes et externes jaune pâle; celles du bras ont les barbes externes vertes, les dernières ont une bordure interne rouge pâle; quelquefois, les barbes internes des rémiges portent une tache jaune clair au milieu; les grandes rémiges et les couvertures de la main sont bleu foncé. Bec gris de plomb pâle, jaunâtre à la pointe; pattes couleur du chair sale; œil jaune vif.

La femelle est plus petite et de couleurs plus claires; les couvertures inférieures de la queue sont vertes, teintées de rouge.

On avait placé d'abord la perruche de Latham dans la famille des *Trichoglosses* (Keilschwanzlori); elle a, en effet, avec eux beaucoup d'analogie, sous le point de vue des mœurs, notamment pour la nourriture qui souvent consiste surtout au nectar des fleurs. Cependant de nouvelles recherches ont montré que ce genre est de ceux qui appartiennent aux platycerques, et sert de passage entre cette espèce et les loris.

La perruche de Latham habite le continent australien et la terre de Van Diemen; elle arrive depuis quelque temps régulièrement en vie sur nos marchés d'oiseaux.

Fig. 8. La Perruche impériale.

(PLATYCERCUS MULTICOLOR Temm.)

En allemand : *Buntsittich* (perruche bariolée ou multicolore). — En anglais : *Many-coloured Parrakeet* (perroquet multicolore).

Vert bleu; front, barre sur le haut des ailes, milieu du ventre, sous-caudales et couvertures inférieures de la queue jaunes; une tache brun cannelle rougeâtre derrière la tête; milieu du ventre rouge écarlate; barre brun rouge sur les couvertures supérieures de la queue.

Les deux rectrices moyennes sont bleu foncé, noires à la pointe; vert sale à la base; les autres sont vert bleuâtre à la base avec une barre noire, bleu clair vers le milieu de la pointe, et blanche à la pointe même. Les rémiges de la main et leurs couvertures ont les barbes externes bleu foncé; le bord et les couvertures inférieures de l'aile sont de même couleur. Bec gris de plomb pâle; pattes et œil brun.

La femelle est vert olive tirant en partie sur le brunâtre ou le gris. Barre rouge foncé sur l'aile.

Cette belle perruche habite le sud de l'Australie.

Traduction du Dr Brehm, par Faucheux.

Les Eucinctes.

Perroquet à queue multicolore. — BUNTSCHWANZ-PAPAGEIEN.

Les régions équatoriales de l'Amérique du Sud sont habitées par des petites espèces de perroquets à queue courte ou (Kurzschwanziger), qui diffèrent des autres perroquets américains par un bec relativement long, un peu plus haut, et surtout par une mandibule inférieure allongée; ils se distinguent aussi en partie, par la richesse des couleurs des rectrices. C'est de là que vient leur nom de (Buntschwanz-papageien). Nous avons donné à cette espèce le nom scientifique d'Eucinctus.

Jusqu'à présent l'on connaît peu leurs mœurs. En général, ils ressemblent aux caïcas, par leur vivacité, leur légèreté et la rapidité de leurs mouvements. Malheureusement, ces oiseaux qui, en captivité, offriraient certainement beaucoup de charme, n'ont pas encore paru sur les marchés européens.

Toutes les figures de cette planche, à l'exception de celle n° 5 consacrée au perroquet mitré, représentent des Eucinctes. On en connaît maintenant 15 variétés différentes, qui se partagent en deux sous-genres d'après la forme des plumes de la queue (selon que l'extrémité en est pointue ou élargie), et par la conformation des couvertures inférieures de la queue.

Fig. 1re. Perroquet à queue d'or.

(Eucinctus auranus [I].)

En allemand : *Goldschwanz Papagei* (même sens). — En anglais : *Golden-tailed Parrot* (même sens).

Vert; bord du front, bride et région de l'œil lavés de teintes jaunâtres couleur d'ocre. Épaules brunes. Rectrices jaune d'or bordées de noir à la pointe; les externes ont une bordure extérieure noire; les deux médianes sont vertes avec bordure noire à la pointe.

Rémiges et grandes couvertures noires avec barbes externes vertes; bec gris brun avec pointe plus claire. Pattes brunâtres. Œil brun gris.

On le trouve jusque par de là l'ouest du Brésil.

Fig 2. Perruche à dos noir.

(Eucinctus cingulatus Scop.)

En allemand : *Trinidad Papagei* (perroquet de la Trinité). — En anglais : *Black-winged Parrakeet* (perroquet à ailes noires).

Tête, ventre et couvertures de la queue vert jaunâtre; poitrine et jabot gris bleu verdâtre clair. Plumes de la nuque jaune olive avec bordure noirâtre. Dos, croupion, couvertures supérieures de la queue et petites couvertures des ailes noires. Rectrices rouges, à reflets violacés, avec barre noire en avant de la pointe. Bordure rouge sur le pouce.

Couvertures inférieures des ailes bleu pâle. Grandes couvertures de la main noires avec la pointe bleue. Grandes couvertures du bras jaune verdâtre avec pointe bleue.

Rémiges noires avec bordure vert bleu. Pattes et bec jaune pâle. Œil brun.

On ne l'a encore rencontrée qu'à la Trinité et dans l'ouest du Vénézuéla.

Fig. 3. Le Perroquet à croupion bleu.

(Eucinctus viridicauda G. R. Gray.)

En allemand : *Blaubürzel* (même sens). — En anglais : *Green-banded Parrakeet* (perroquet à collet vert).

Vert; dessus de la tête brun; région de l'oreille et nuque brun olivâtre; flancs jaune olive. Croupion bleu d'outremer. Couvertures de l'épaule brun foncé. Rectrices rouge vin avec pointe verte et bordées de noir; celles externes ont une bordure extérieure noirâtre bleu, les deux du milieu sont vertes avec une mince bordure noire à la pointe.

Rectrices et couvertures de la main brun noir avec bordure externe verte. Bordure bleue sur le pouce; bec blanc jaunâtre, gris à sa base. Pattes gris jaunâtre. Œil brun.

Le perroquet à croupion bleu habite le nord du Brésil. A la Guyane, il est remplacé par une variété très voisine, le perroquet à queue pourpre (Eucinctus purpuratus (Less.) purpurschwanz). Ce dernier se distingue par les rémiges externes qui n'ont pas la barre verte de la pointe, tandis que celles du milieu ont une large bordure terminale noire.

Fig 4. Le Caïca de Barraband.

(Eucinctus Barrabandi Kuhl.)

En allemand : *Goldwangen Papagei* (perroquet à joues dorées). — En anglais : *Barraband's Parrot*.

Vert; jabot jaune olive. Tête noire. Tache jaune vif sur la joue et la culasse. Pli de l'aile jaune rougeâtre. Bord du pouce et couvertures inférieures des ailes rouges. Rectrices vertes avec bordure interne jaune et pointe bleue, les plus extérieures ont une bordure externe bleue.

Rémiges noires; celles de la main, leurs couvertures et les rémiges primaires ont les barbes externes bleues; celles du bras ont les barbes externes vert bleu. Bec et pattes brun corné. Œil rouge.

L'habitat du caïca de Barraband est dans la partie septentrionale de l'Amérique du Sud.

Fig. 5. Le Perroquet mitré.

(PIONOPSITTACUS MITRATUS Wied.)

En allemand : *Scharlachkopf* (tête écarlate). — En anglais : *Mitred Parrot.*

Vert; haut de la tête et barre sous l'œil de couleur rouge. Pli, bordure de l'aile et couvertures de la main bleu foncé.

Rémiges noires avec barbes externes vertes ou bleues. Rectrices vertes avec la pointe bleue. Les couvertures inférieures et le dessous des rémiges ont les barbes internes bleu clair. Pattes et bec gris noir avec pointe blanchâtre. Iris brun gris.

Le perroquet mitré habite le Paraguay et le sud du Brésil.

Fig. 6. Le Perroquet Caïca.

Vert malachite; reflets couleur olive sur le dos; tête noire; gorge brun olive; plumes de la nuque jaunâtres couleur isabelle, avec bordure brune.

Les couvertures de la main et les rémiges primaires sont noires avec la bordure extérieure bleue. Rémiges de la main noires avec bordure externe verte; les premières ont une très mince bordure jaune paille. Les plumes de la queue, terminées en pointe, ont l'extrémité bleue et la barbe interne jaune. Pattes brun jaune. Œil jaune.

Habite le nord de l'Amérique du Sud.

Fig. 7. Perroquet vautourin.

(ENICOGNATHUS VULTURINUS Ill.)

En allemand : *Kahlkopf* (à tête chauve). — En anglais : *Vulturine Parrot.*

Dessus, côté de la tête et menton nus, munis seulement de quelques plumes isolées, semblables à des poils noirâtres, et bordés de blanc jaunâtre au front et sur la bride. Le fond du plumage est d'un vert malachite; les dessous sont bleuâtres. La gorge et le jabot sont jaune olive. Une raie jaune limite la partie nue de la tête. Nuque brun noir. Couvertures inférieures et bord des ailes rouge écarlate; épaules rouge orangé.

Les rémiges primaires et les couvertures de la main sont blanches. Rémiges de la main noires, avec bordure externe bleue et une mince bordure externe jaune paille. Les rectrices ont les barbes externes jaune et sont bleu noirâtre à la pointe. Parfois quelques plumes rouges sur la cuisse. Bec blanc jaunâtre, dessus, pointe et bord de la mandibule supérieure gris. Œil jaune.

Habitat, le nord du Brésil.

Fig. 8. Perruche amazonine.

(ENICOGNATHUS AMAZONINUS Murs.)

En allemand : *Zwergamazone* (perroquet amazone nain). — En anglais : *Little amazon Parrot* (même sens).

Vert; gorge et poitrine vert jaune olive. Plumes du dessus de la tête et de l'oreille striées de raies jaunes. Devant de la tête, bride et partie antérieure des joues, pli de l'aile et couvertures inférieures des ailes rouges. Les deux rectrices médianes vertes avec pointe bleue; les autres rouge clair; bordure externe plus brunâtre et pointe bleue.

Liseré rose pâle autour de l'œil. Rémiges de la main et leurs couvertures noires avec les barbes externes bleues; les rémiges du bras ont les barbes vertes et bleues en partie. Bec gris avec la pointe plus claire. Pattes noirâtres. Œil jaune.

Habite la Nouvelle-Grenade.

Traduction du Dr Reichenow, par Faucheux.

Tab. 24.

Les espèces naines de Perroquets.

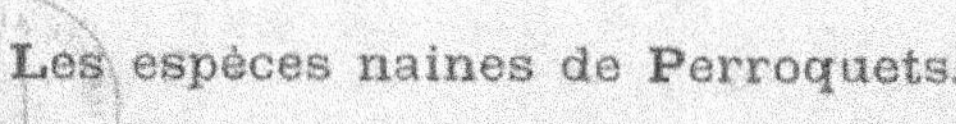

La Nouvelle-Guinée, terre où l'abondance des formes et des couleurs se rencontre plus qu'en aucune autre partie du monde, est celle qui abrite les races naines de perroquets. Les genres que nous réunissons sous le nom de Psittacules (Micropsittacidae — en allemand, *Zwergpapageien*, perroquets nains) ne sont connus, pour la plupart, que tout récemment. On en a découvert maintenant 23 espèces partagées en 3 genres. Deux de ces genres, les Nasiternes (*Nasiterna*, en allemand, *Spechtpapageien*, perroquets pics) et les Psittacules proprement dits (*Cyclopsittacus*) sont représentés sur notre planche par des sujets typiques; le troisième, celui des Psittacelles (*Psittacella* — *Buschsittiche*, perruches à bandeau), qui se rattache aux Platycerques, aura plus tard sa mention spéciale.

Les deux genres dont nous traitons sont caractérisés par un bec relativement fort, pourvu d'une dent profonde, vers la pointe, comme le bec des Cacatois, par des ailes pointues assez longues, par une queue courte. Celui des Nasiternes se distingue, en outre, par une configuration spéciale des plumes de la queue; elles sont allongées en forme de dard, la hampe s'en prolongeant au delà des barbes; enfin les doigts sont extrêmement longs et minces. Ces deux derniers caractères ont fait dire que ces psittacules grimpent aux arbres comme des pics.

Malheureusement, nous avons jusqu'ici des relations si peu précises sur les mœurs de ces perruches qu'il nous a été impossible de rencontrer une seule figure précise et sûre de leurs allures et de leur mode d'existence. On n'a pas non plus, jusqu'à ce jour, tenté d'importer vivants chez nous ces charmants petits oiseaux qui doivent être pourtant ravissants en captivité.

En dehors de la Nouvelle-Guinée et des petites îles voisines, on a trouvé aussi ces deux races sur le continent australien.

Il faut noter encore que, chez ces perroquets, la femelle offre la plupart du temps de grandes différences avec le mâle sous le point de vue de la couleur; c'est ce que montreront, du reste, les descriptions suivantes:

Fig. 1er. Micropsitte Bruijn.

(NASITERNA BRUIJNI.)

En allemand : *Rotköpfiger Spechtpapagei* (perroquet pic à tête rouge). — En anglais : *Bruijn's pigmy Parrot* (perroquet nain Bruijn).

Vert, avec des plumes naviles d'une mince bordure noire, dessus de la tête, joues, milieu des parties inférieures du corps et de la queue, de couleur rouge, collier d'un beau bleu qui parfois prend naissance derrière l'œil et descend sur les côtés de la tête et du cou, enveloppant la face et la gorge.

Les petites couvertures des ailes sont noires avec une large bordure verte, les deux rectrices intermédiaires sont bleues avec tache dorée en avant de la pointe; les autres sont noires avec la pointe de la barbe interne rouge, bordées de vert à l'intérieur, bec et pattes brun gris; œil brun.

La femelle a le dessus de la tête bleu, les yeux et le front rougeâtre; tout le dessous du corps et les couvertures inférieures sont jaunes. Les parties mâles ont le dessous de la tête et les joues brun jaune teinté de rose; la tache des barbes internes des rectrices est jaune, le milieu du dessous du corps est rouge clair.

Habite la Nouvelle-Guinée.

Fig. 2. Psittacule pygmée.

(NASITERNA PYGMÆA, A. 0.)

En allemand : *Rotbrüstiger Spechtpapagei* (perroquet pic à poitrine rouge). — En anglais : *Pigmy Parrot* (perroquet nain).

Vert, avec les plumes bordées de noirâtre; plus clair au-dessous; poitrine et milieu du ventre rouge clair; dessus de la tête jaunâtre; les plumes du front ont une bordure rougeâtre; le milieu des couvertures inférieures de la queue est jaune.

Les deux rectrices intermédiaires sont bleues; les autres noires avec tache jaune à la pointe et aux barbes internes, bordées de vert à l'extérieur; couvertures des ailes noires avec large bordure verte; bec brun gris; pattes brun jaune, œil brun foncé.

Chez la femelle, le dessus de la tête est verdâtre; la poitrine et le ventre vert jaune.

La psittacule pygmée habite la Nouvelle-Guinée et les îles voisines : Salawatty, Waigiou, Misoul, etc.

Fig. 3. Nasiterne de Mafor.

(NASITERNA MAFORENSIS Salv.)

En allemand : *Orangekehliger Spechtpapagei* (perroquet pic à poitrine orange). — En anglais : *Mafor pigmy Parrot*.

Vert; milieu de la poitrine et du ventre jaune d'ocre; dessus de la tête brun foncé avec plumes bordées de bleu; une faible tache jaune clair au-devant de la tête; joues et gorge brun foncé avec plumes bordées de bleuâtre; couvertures inférieures de la queue jaune citron.

Les deux rectrices intermédiaires bleues avec les baguettes noires; les autres noires avec tache jaune à la pointe et aux barbes internes; bordure extérieure verte; couvertures des ailes noires avec large bordure verte; bec et pattes brun foncé; œil brun.

La femelle a la poitrine vert jaunâtre et le ventre jaune clair ainsi que les couvertures inférieures de la queue.

Habite l'île Major.

Fig. 4. Nasiterne de l'île Kei

(NASITERNA KEIENSIS.)

En allemand : *Gelbkappe Spechtpapagei* (perroquet nain à bonnet jaune). — En anglais : *Kei island pigmy Parrot*.

Vert; mince bordure noire aux plumes; plus clair en dessous; dessus de la tête jaune d'ocre avec plumes bordées de rougeâtre; joues brun foncé; une partie des plumes est bordée de bleu clair; les couvertures inférieures de la queue sont jaunes dans le milieu.

Les deux rectrices intermédiaires sont bleues avec les baguettes noires; les autres sont noires avec tache jaune à la pointe et aux barbes internes et une bordure externe verte; couvertures des ailes noires avec large bordure verte; bec et pattes brun foncé; œil brun.

La femelle a le dessous de la tête jaune pâle.

Ce perroquet habite la Nouvelle-Guinée et les îles Kei et Aru.

Fig. 5. Micropsitte.

(NASITERNA FUSCO Sclat.)

En allemand : *Blauscheitel Spechtpapagei* (perroquet nain à vertex bleu. — En anglais : *Salomon islands pigmy Parrot*.

Vert; milieu du dessous du corps jaunâtre; milieu des couvertures inférieures de la queue jaune; front, côtés de la tête et menton bruns avec reflets brun rouge; vertex bleu.

Petites couvertures des ailes noires avec large bordure verte; les deux rectrices intermédiaires bleues avec pointe noire; les autres noires avec tache jaune à la pointe et à la barbe interne et bordure externe verte; bec et pattes brun foncé; œil brun.

Son habitat s'étend sur les îles Salomon, Saint-Georges et du duc d'York.

Fig. 6. Nasiterne de Misor.

(NASITERNA MISORIENSIS.)

En allemand : *Braunköpfiger Spechtpapagei.* — En anglais : *Misor's pigmy Parrot.*

Vert; poitrine et milieu du ventre jaune rouge; tête brun foncé avec forte tache jaune en arrière; faible collier bleu; couvertures inférieures de la queue jaunes.

Les deux rectrices intermédiaires sont bleues avec les baguettes noires; les autres sont noires avec tache jaune à la pointe et aux barbes internes et une bordure externe verte; couvertures des ailes noires avec large bordure verte;

bec et pattes brun gris; l'œil est habituellement rouge minium.

La femelle a la poitrine vert jaunâtre et les plumes du ventre et du vertex bordées de bleu.

Habitat : l'île Misore.

Fig. 7. Psittacule Maccoy (Gould.)

(PSITTACIRRHACUS MACCOYI.)

En allemand : *Diadem Zwergpapagei.* — En anglais : *M'coy's Parrakeet.*

Vert; bandeau rouge entouré d'une bordure vert bleu clair; bride et région de l'œil vert bleu clair; joues rouge écarlate à la partie supérieure, bleu d'azur à l'intérieur; flancs jaunes.

Bec et pattes gris plomb; œil brun.

La femelle a la joue entièrement vert bleu.

Habite le continent australien.

Fig. 8. Cyclopsitte double œil.

(CYCLOPSITTACUS DIOPHTHALMUS Hombr. Jacq.)

En allemand : *Masken Zwergpapagei.* — En anglais : *Double eyed Parrakeet* (même sens).

Verte, devant de la tête et joues rouges; vertes jaune rouge; une petite tache bleue de cobalt en avant et au-dessous de l'œil; une tache bleu foncé en arrière et au dessous de la joue.

Rémiges de la main et leurs couvertures bleu foncé aux barbes externes; base de la barbe interne de toutes les rémiges jaune clair; les dernières rémiges du bras rouge écarlate; bec et pattes noirâtres.

Chez la femelle les joues sont brun jaune, bordées de bleu foncé derrière et en dessous; le front est rouge; une mince bande de même couleur sous l'œil; la tache en avant de l'œil est bleu clair.

Son habitat s'étend sur la Nouvelle-Guinée, Salawatti et Misol.

Fig. 9. Cyclopsittes d'Abertis.

(CYCLOPSITTACUS SUAVISSIMUS Sclat.)

En allemand : *Schmuckwangen Zwergpapagei* (perroquet nain à joues noires). — En anglais : *D'Abertis Parrakeet.*

Vert; devant la tête bleu d'azur; bride blanche et bande blanche sous l'œil; partie supérieure de la joue noire; l'inférieure d'un blanc jaunâtre; poitrine et devant du cou jaune rouge.

Bord des ailes, rémiges de la main et leurs couvertures bleu foncé à la barbe externe; base des barbes internes de toutes les rémiges jaune; bec, pattes et œil noirâtres.

La femelle a le devant de la tête bleu d'azur; un trait de même couleur sous l'œil et la joue; la bride est blanche; la région de l'oreille jaune d'or; la poitrine verte, teintée de jaune d'or.

Cette espèce habite le sud-ouest de la Nouvelle-Guinée.

Traduction du Dr Reichenow, par Faucheux.

PLANCHE XXVI

Perroquets dans les régions basses du Brésil.

Nous avons donné dans la planche X° un court aperçu de la famille des perroquets à queue courte de l'Amérique, en montrant trois espèces du genre *Pionias* (ou perroquets à queue tronquée proprement dits, Stumpfschwanz papagaien); les autres représentants de la même famille, qui ne comprend que neuf genres, se trouvent dans la présente planche.

Dans le commerce, comme chez les amateurs, ces oiseaux sont souvent confondus avec les perroquets amazones; ils s'en distinguent cependant par un bec plus faible; ensuite et surtout par le caractère des couleurs, le plumage étant plus sombre, avec un éclat plus métallique, et enfin, tout particulièrement, par la couleur des couvertures inférieures de la queue qui sont rouges chez ceux-ci tandis qu'elles sont vertes chez les amazones. Les pionias sont paisibles, peu remuant et s'apprivoisent facilement, mais ils ne résistent pas en cage aussi longtemps que les premiers; ce n'est aussi que par exception qu'ils se montrent capables d'imiter le langage humain.

La plupart des espèces habitent les régions basses du Brésil, c'est-à-dire depuis le nord de l'Amérique du Sud jusqu'aux limites du Chili, de la République Argentine et de l'Uruguay; on ne trouve dans l'Amérique centrale que deux races, le perroquet à front blanc représenté dans la planche X°, et une variété du perroquet à tête bleue (Schwarzohr papagei).

La fig. 8 de notre planche XXVI montre le représentant d'un autre genre de la même espèce, le perroquet à ventre bleu qui apparaît de temps en temps dans le commerce. Il se distingue de ses congénères par une queue plus longue et arrondie, ainsi que par son bec qui est plus haut, déprimé en dessus, et muni de trois bulbes à la narine.

Fig. 1re. Perroquet à bec rouge

(PIONIAS CORALLINUS Bp.)

En allemand : *Korallenschnabel*. — En anglais : *Red beaked Parrot* (mêmes sens).

Vert, plumes de la tête bordées de bleu; plastron bleu foncé; couvertures inférieures de la queue rouges; bec rouge de corail.

Œil brun; pattes brun jaune.

Habite l'Équateur.

Fig. 2. Perroquet à tête rose.

(PIONIAS CUMULICOLLIS Tschudi.)

En allemand : *Rosenkopf* (à tête rose). — En anglais : *Restless Parrot* (perroquet turbulent).

Vert, jaunâtre en dessous; tête rose claire d'une nuance plus accentuée sur le dessus; devant du cou rose clair à reflets violets; bordure jaune aux ailes; couvertures inférieures de la queue rouges; les rectrices externes ont une tache rouge clair à la base des barbes internes.

Bec jaune; pattes brun gris; œil brun foncé.

Habite l'Est du Pérou et de la Bolivie.

Fig. 3. Le Perroquet violet.

(PIONIAS VIOLACEUS Bodd.)

En allemand: *Veilchenpapagei* (mêmes sens). — En anglais: *Dusky Parrot* (perroquet brun).

Dos et ailes brun foncé avec plumes bordées de brun pâle; tête noir bleu; bandeau rouge sombre sur le front; tout le dessous est violet rouge; couvertures inférieures de la queue rouge clair; quelquefois avec bordure violette.

Rémiges et rectrices bleu noir aux barbes externes et à la pointe; barbes internes des rectrices externes rouges; bec jaune à la base, noirâtre à la pointe; pattes noirâtres; œil brun foncé.

Habite le nord du Brésil et de la Guyane.

Fig. 4. Le Perroquet à tête bleue.

(PIONIAS MENSTRUUS L.)

En allemand : *Schwarzohr Papagei* (perroquet à oreille noire). — En anglais : *Blue headed Parrot* (perroquet à tête bleue).

Corps et ailes verts; couvertures des ailes à reflets jaune olive doré sous un certain jour; tête et cou bleus. Trait, régions de l'œil et de l'oreille noires; plumes de la gorge rouge clair à la base; couvertures inférieures de la queue rouges, vertes à la pointe.

Les rectrices externes sont rouge clair à la base des barbes internes, vertes à la base des externes; les plus extérieures sont bleues; toutes le sont à la pointe; bec noirâtre, la base de la mandibule supérieure est rouge; pattes noirâtres; œil brun foncé.

Habite principalement le Brésil, la Guiane et l'État de Venezuela. Les sujets du Pérou et de la Colombie se distinguent toujours par la tête et le cou qui sont de dimension un peu plus forte et d'un bleu plus clair; ces différences sont encore plus sensibles chez les sujets de l'Amérique centrale qui ont constamment aussi une tache rouge pâle sur la gorge; on a même fondé sur ce caractère la distinction d'une sousrace, celle du perroquet à tête bleue de l'ouest (*P. subregularis*, Cab.) Le perroquet qui s'en rapproche le plus est celui représenté planche X, fig. 7, le perroquet Maximilien; on les confond souvent ensemble; l'espèce suivante s'en rapproche aussi.

Fig. 5. Perroquet à mâchoires jaunes.

(*PIONIAS FLAVIROSTRIS* Spix.)

En allemand : *Gelbschnabel* (à bec jaune). — En anglais : *Yellow beaked Parrot* (même sens).

La couleur principale est le jaune; le dos, les ailes et le dessous du corps vus sous un certain jour ont des reflets jaune olive doré. Plumes du devant de la gorge pourvues d'une large bordure bleue; les petites plumes des côtés de la tête ont une mince bordure bleue, ce qui donne à ces parties une apparence écaillée; plumes du dessus de la tête bordées de bleu gris foncé; bride noire; couvertures inférieures de la queue rouge clair; bec jaune.

Les rectrices externes sont rouge clair à la base des barbes internes, bleu aux barbes externes; pattes noirâtres; œil brun foncé.

Habite l'est du Brésil, la Bolivie et le Paraguay.

Fig. 6. Perroquet aux ailes brunes.

(*PIONIAS CHALCOPTERUS* Fras.)

En allemand : *Glanzvogel Papagei* (perroquet aux ailes brillantes). — En anglais : *Bronze-winged Parrot* (perroquet aux ailes bronzées).

Bleu noir, ventre, ailes et queue bleu clair; dos et épaules brun foncé; couvertures des ailes brunes avec bordure pâle; couvertures inférieures de la queue rouges, bordées de violet.

Les rectrices externes ont quelquefois une bordure intérieure rouge clair; bec jaune; pattes couleur de chair pâle; œil brun.

La Colombie et l'Équateur sont la patrie de ce perroquet.

Fig. 7. Perroquet Massena.

(*PIONIAS SENILOIDES* Finsch.)

En allemand : *Greis* (grison). — En anglais : *Massena's Parrot*.

La couleur principale est le vert, avec quelques reflets olive; tête et devant du cou brun gris foncé; quelques plumes blanches à la base; plumes du devant de la tête blanches avec bordure rose pâle; plumes du devant des joues blanches, avec bordure gris noir; couvertures inférieures de la queue rouge; bec jaune pâle.

Les rémiges sont vertes; les rectrices ont la moitié inférieure des barbes internes rouge clair; pattes brun gris foncé; œil brun.

Fig. 8. Perroquet à ventre bleu.

(*TRICLARIA CYANOGASTER* Wied.)

En allemand : *Blaubauch* (ventre bleu). — En anglais : *Azure-bellied Parrot* (même sens).

Vert, milieu du ventre d'un beau bleu, bec blanc jaunâtre.
La pointe des rectrices et la bordure externe de celles extérieures sont bleu foncé; œil brun clair.
Habite le Brésil.

Traduction du Dr Reichenow, par Faucheux.

Tab. 26

Les Éclectes.

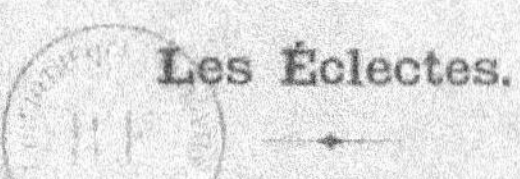

Tandis que la région propre aux Conures présente sa plus grande étendue du Nord au Sud, l'habitat des Éclectes, au contraire, s'étend en longitude; de toutes les familles de perroquets celle-ci est la plus étendue de l'Est à l'Ouest : on la trouve dans les régions basses de l'est de la Malaisie, dans le Levant et l'Éthiopie; elle s'étend depuis les îles Salomon jusqu'aux côtes occidentales de l'Afrique, occupant un domaine d'environ 100 degrés en longitude.

La famille des Éclectes comprend 7 genres avec 53 espèces différentes; elle se relie à celle des *Platycerques* par les Palæornis (Edelsittiche) que nos planches 5 et 13 ont fait connaître. C'est dans ce dernier genre que se rangent les *Tanygnathes* Grossschnabel papageien (perroquets à gros bec), le perroquet *Geoffroy ou rhodocéphale* (Rothkopfpapageien), et les intéressants *Éclectes proprement dits* (Edelpapageien) dont les types sont représentés dans la présente planche ou dans celle n° 11.

Les *Prioniturus* (Spatelschwanzpapageien) sont particularisés par la hampe de leurs deux rectrices intermédiaires qui se prolonge, dénudée, au delà des barbes, et est seulement pourvue à son extrémité d'un bouquet de plumes en forme de spatule : il n'y en a que 3 espèces (fig. 3 à 5) qui sont très voisines du perroquet Geoffroy. — Enfin les *Psittues* ou *Dchrognathes* (Rotachselpapageien), perroquets à épaule rouge, représentées dans notre planche 15, et les Inséparables figurées planche 20, complètent cette famille.

Autant toutes ces espèces paraissent variées, autant elles diffèrent, au contraire, de caractères concordants, particulièrement celui de leur bec qui est aussi lisse et brillant que de la cire, le plus souvent de couleur rouge, rarement noir ou gris plomb; ensuite leur cire est souvent complètement emplumée et entoure la base du bec comme d'une bande de largeur uniforme.

Les mœurs des Éclectes présentent des différences qui correspondent non seulement à la distinction des espèces, mais souvent même aussi aux types d'un même genre; c'est ce que nous avons déjà signalé précédemment.

Fig. 1re. Perroquet de Geoffroy.

(GEOFFROYUS STEPHANI Meyer.)

En allemand : *Blauring papagei* (perroquet à collier bleu). — En anglais : *Simple parrot.*

Vert, plumes du dos et des ailes bordées de noirâtre; ventre noirâtre; collier bleu clair; couvertures inférieures des ailes bleu clair; faible tache brune sous le bras.

Les dernières rémiges ont une tache jaune pâle sur les barbes internes; toutes ont la pointe bordée de jaune clair; bec et pattes noirs.

La femelle n'a pas de collier; le dessus de la tête est teinté de bleuâtre.

Habite la Nouvelle-Guinée.

Fig. 2. Perroquet à tête jaune.

(GEOFFROYUS HETEROCLITUS Hombr. Jacq.)

En allemand : *Gelbköpfiger Edelpapagei* (Éclecte à tête jaune). — En anglais : *Yellow headed parrot* (perroquet à palettes des Philippines).

Vert, teinté de vert olive en dessus, bleuâtre en dessous; tête jaune olive, limitée par un collier gris bleu; gorge gris sale; petite tache rouge brun sous le bras.

Couvertures inférieures des ailes bleu clair; rémiges bordées de jaune en dedans; mandibule supérieure jaune clair, mandibule inférieure brun foncé; pattes gris verdâtre; œil jaune d'or.

La femelle a le dessus de la tête vert, teinté de bleuâtre et les joues gris bleuâtre.

Habite les îles Salomon et la Nouvelle-Bretagne.

Fig. 3. Perroquet à palettes.

(PRIONITURUS DISCURUS Vieill.)

En allemand : *Spatelschwanz* (même sens). — En anglais : *Philippine Racket tailed parrot* (perroquets à palettes, des Philippines).

Vert jaunâtre; vertex et derrière de la tête bleu clair; la pointe des rectrices et des palettes est noir bleuâtre.

Bec gris plomb clair; pattes gris plomb, œil brun.

Chez la femelle, le dessus de la tête est bleuâtre pâle.

Habite les îles Philippines.

Fig. 4. Perroquet couronné.

(PRIONITURUS FLAVICANS Cass.)

En allemand : *Raketenschwanz* (à queue en raquette). — En anglais : *Sprat racket tailed parrot* (même sens).

Vert; devant du cou, poitrine et nuque jaune olive; dessus de la tête bleu avec une tache rouge écarlate sur le vertex; pointe des rectrices et palettes noires.

Bec et pattes gris bleu; œil brun. La femelle n'a pas la tache rouge du vertex; tout le dessus de sa tête est bleuâtre. La patrie de ce perroquet est l'île Célèbes.

Fig. 5. Perroquet à raquettes.

(PRIONITURUS PLATURUS Vieill.)

En allemand: *Hornot.* — En anglais: *Racket (ailed parrot* (perroquet à palettes).

Vert; collier piqué d'or; une petite tache rouge minium sur le vertex; une plus grosse, gris bleu, derrière la tête; pli de l'aile gris bleu, les petites et moyennes couvertures des ailes sont gris jaunâtre; la pointe des rectrices et les palettes sont noir bleu.

Bec gris plomb avec pointe noire; pattes gris bleu; œil brun. La femelle est d'un vert uniforme, le dessus de la tête seul est teinté de bleuâtre; pointe des rectrices et palettes bleu noir.

Habite l'île Célèbes.

Fig. 6. Grand Loris.

(ECLECTUS RORATUS Müll.)

En allemand: *Grosser Edelpapagei.* — En anglais: *Grand Eclectus.*

Le mâle est de couleur verte; flancs et couvertures inférieures des ailes rouge-écarlate; bord des ailes bleu; rectrices bleues dans le milieu, avec pointe jaunâtre; mandibule supérieure couleur de chair claire; mandibule inférieure noire. Il ressemble beaucoup par ses couleurs à l'*Eclectus polychlorus*, mais il est plus clair, et a la queue plus bleue.

La femelle que notre planche représente diffère beaucoup plus de celle de l'*Eclectus polychlorus* (planche XI, fig. 1). Elle est rouge foncé, la tête plus claire; collier et dessous du corps, bord et couvertures inférieures de l'aile violet bleu; couvertures inférieures de la queue et pointe des rectrices jaune vif; la femelle du Polychlore, au contraire, les a rouges.

Habite les îles Moluques.

Fig. 7 et 8. Perroquet de Geoffroy, à collier bleu.

(GEOFFROYUS CYANICOLLIS.)

En allemand: *Blaunacken Rothkopf* (à tête rouge et collier bleu). — En anglais: *Gilolo parrot* (perroquet de Gilolo).

Vert, dessus du dos et poitrine jaune olive; devant et côtés de la tête, rose clair, ainsi que la gorge; vertex gris bleu violet; nuque bleu clair; une petite tache rouge brun sous le bec; bord et couvertures inférieures de l'aile bleus.

Mandibule supérieure rouge écarlate, mandibule inférieure brun foncé; œil jaune. La femelle a la tête gris brunâtre, le devant de la tête bleuâtre violet, la nuque bleu clair. Bec entièrement gris de corne.

Habite les Moluques.

Un genre très voisin, le perroquet Obi (Rh. *Obiensis*, Flasch.) qui habite l'île Obi, se distingue seulement par la couleur brun rouge cerise du croupion.

Fig. 9. Perroquet Muller.

(TANYGNATHUS MULLERI Temm. Bp.)

En allemand: *Muller's Edelpapagei.* — En anglais: *Muller's parrot.*

Vert; dessous, nuque, haut du dos jaune olivâtre; reins et croupion bleus; couvertures des ailes vertes, bordées de jaunâtre; les petites couvertures et celles des épaules sont bleus; bec rouge.

Les rémiges sont vertes ainsi que les couvertures inférieures de la queue, pattes brunes; œil blanc jaunâtre.

Habite les îles Sangir.

Une variété (le Tanygnathe à bec blanc (*T. albirostris*) Weissschnabelpapagei), se distingue par la couleur vert pur de son dos, ou bec blanchâtre, et aussi par la couleur verte des petites couvertures des ailes. On le trouve à Célèbes et à l'île Sula.

Une autre variété (le Tanygnathe Everette (*T. Everetti*) — Tweedd — der kleine Weissschnabelpapagei), plus petit que le précédent, habite les îles Philippines et Samui.

Traduction du Dr Reichenow, par FAUCHÈRE.

Tab. 27

Dans les Pampas de l'Amérique du Sud.

Les forêts vierges sont le séjour de prédilection, l'habitat presque unique des perroquets américains; cependant les Conures, en particulier, n'y sont pas exclusivement confinés. Les espèces de petite taille, les groupes des perruches à bec faible ou à bec épais et les plus petites de toutes, les perruches-moineaux, peuplent aussi les steppes de la plaine, dont la prairie est parsemée de petits bouquets de bois épars, de buissons rabougris et d'arbres isolés.

Ces perroquets vivent par famille ou par nombreuses sociétés; ils se nourrissent de graines, de bourgeons et de fruits de cactus. Mais ils recherchent aussi les champs cultivés, et souvent, ils dévastent les plantations de riz ou de maïs.

Les perruches à bec crochu, dont quelques représentants sont figurés sous les n°s 3, 4 et 5 de notre planche, sont celles qui, parmi les Conures, conviennent le mieux en captivité, par leur grâce et leur gaîté. Elles sont d'une vivacité extrême, toujours en mouvement, et également lestes pour voler, pour courir ou pour grimper. Seulement, pour les voir développer ces qualités, il faut les placer dans une grande cage et en réunir plusieurs ensemble.

On les nourrit principalement de millet et d'alpiste, avec un peu d'avoine, différentes espèces de verdure, du riz cuit, du pain blanc ou du pain d'œuf détrempé dans l'eau, de la carotte cuite et des fruits.

Fig. 1. La Perruche Catherine.

(BOLBORHYNCHUS LINEOLATUS Cass.)

En allemand : *Catherina Sittich*. — En anglais : *Venezuela Parrakeet*.

Le fond du plumage est vert, plus jaunâtre en-dessous; la nuque, le dos, les côtés du cou et du corps sont rayés de noir. Les couvertures inférieures et supérieures de la queue, les plumes du derrière et les couvertures moyennes des ailes ont une petite tache noire à la pointe, les petites couvertures des ailes sont noires.

Les rectrices sont noires dans le milieu; le dessous des rémiges et les barbes internes des couvertures inférieures moyennes des ailes sont d'un vert bleu.

Elle habite l'Amérique centrale.

Fig. 2. La Perruche passerine ou Perruche moineau.

(PSITTACULA PASSERINA L.)

En allemand : *Sperlings Papagei*. — En anglais : *Passerine Parrot*.

Vert; plus jaune au dessous. Le croupion, les couvertures inférieures des ailes et leur bord, les dernières rémiges, les couvertures de la main et les rémiges premières sont bleues; le bec est d'un gris blanc.

La femelle se distingue par la couleur entièrement verte des ailes et de la queue; elle a aussi le devant de la tête, les joues et le devant du cou plus jaunes.

Elle habite le Brésil.

La perruche moineau claire (*Ps. cyanopygia* Souancé — *halbfarbige Sperlings papagei*), de l'Amérique centrale, très analogue à la précédente, est de taille un peu plus grande et de nuances plus claires; les parties, qui sont bleu foncé chez celle-là, sont d'un bleu d'azur chez celle-ci.

La perruche moineau foncée (*Ps. Sclateri* Gray — *Dunkle Sperlings papagei*) se rapproche de la précédente, mais elle est d'un vert généralement plus foncé, et, en outre, la mandibule inférieure seule est blanche, la supérieure est noirâtre.

Elle habite l'ouest du Brésil.

Fig. 3. La Perruche à tache souci.

(BROTOGERYS NOTATA Gould.)

En allemand : *Orangeflügel Sittich* (à ailes orangées). — En anglais : *Red fronted Conure* (à front rouge).

Verte avec le dessus de la tête bleuâtre; un mince bandeau sur le front, le menton, les dernières rémiges et le devant des couvertures moyennes du bras sont d'un rouge orange; le tour de l'œil est nu et blanc; le bec, couleur de chair pâle.

Habite le Brésil et la Guyane.

Une espèce très analogue, la perruche à menton brun (*Br. Chrysoptera* L. — *Braunkinn Sittich*), se distingue uniquement par la nuance brune du bandeau et du menton. Elle habite Vénézuela et la Guyane.

La perruche des Pampas (*Br. Chrysostoma* Scl. — *Pampas Sittich*), du nord du Brésil, est aussi très voisine; mais elle a les couvertures de couleur jaune au lieu d'orange, et le front jaunâtre.

Fig. 4. La Perruche de Saint-Thomas.

(BROTOGERYS XANTHOPS Rodd.)

En allemand : *Goldkopf Sittich* (à tête dorée). — En anglais : *Golden-headed Parrakeet* (même sens).

Verte; les couvertures supérieures et le dessous de la queue plus claires; le devant de la tête, la gorge et une raie sous l'œil sont jaunes.

Nord du Brésil et Guyane.

Fig. 5. La Perruche Toui.

(BROTOGERYS CHRYSOPOGON Less.)

En allemand : *Goldkinn Sittich* (à menton doré). — En anglais : *Toui Parrakeet.*

Verte, jaunâtre en dessous ; les couvertures inférieures des ailes sont jaunes ; le menton est rouge orangé ; les petites couvertures des ailes sont d'un brun doré.

Habite la Nouvelle-Grenade et Panama.

Fig. 6. La Perruche Lucien.

(PYRRHURA LUCIANI Deville.)

En allemand : *Grünschwanz Sittich* (à épaules vertes). — En anglais : *Prince Lucian's Conure.*

Le vert est la couleur principale ; le devant de la tête et la nuque sont brun foncés ; le front bleu gris ; les joues brun cerise ; les sourcils brun pâle ; le milieu du ventre, les reins, le croupion, la queue et les couvertures supérieures sont brun cerise.

Les rectrices sont bordées de vert à la base ; les rémiges de la main et leurs couvertures sont bleues en dehors ; le bec est brun.

Habite le bassin supérieur de l'Amazone.

Dans le bassin inférieur et la Guyane, elle est remplacée par une autre espèce très voisine, la perruche à front bleu et à queue rouge (*Pyrrhura picta* Müll. — *Blausteissigen*

Rotschwanz Sittich). Celle-ci se distingue de la précédente par la couleur rouge du pli de l'aile ; la nuance gris blanc du bas des joues et un collier de même couleur.

Fig. 7. Perruche à miroir jaune.

(BROTOGERYS XANTHOPTERA Spix.)

En allemand : *Goldflügel Sittich* (à ailes dorées). — En anglais : *Orange-Winged* (même sens).

Verte ; les rémiges et quelques-unes des couvertures moyennes du bras, sur le devant, sont jaunes ; le bec est d'un blanc brunâtre.

Habite le Brésil, l'est du Pérou et la Bolivie.

Fig. 8. La Perruche aux oreilles blanches.

(PYRRHURA LEUCOTIS Licht.)

En allemand : *Weissohr Sittich* (même sens). — En anglais : *White-eard Conure* (même sens).

La couleur principale est le vert ; le devant de la tête est brun gris, la nuque bleu gris ; les joues brun cerise ; les oreilles blanches ; les plumes du devant du cou grises avec une bordure blanchâtre ; le milieu du ventre rouge ; le pli de l'aile rouge écarlate ; le croupion et la queue brun cerise.

Les plumes de la queue sont bordées de vert à la base ; les rémiges de la main et leurs couvertures sont bleues extérieurement ; le bec est noir.

Du Brésil.

Traduction du Dr REICHENOW, par FAUCHEUX.

Tab. 78.

PLANCHE XXIX

Les plus gracieux.

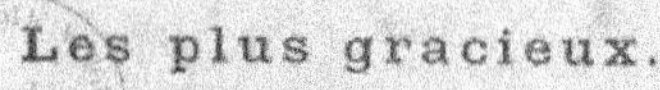

En même temps que l'ordre des perroquets apparaît comme nettement limité et parfaitement distinct des autres groupes d'oiseaux, il offre aussi une diversité de couleurs et de formes qu'on trouverait difficilement ailleurs. Le bec et les pattes suffisent à fournir les caractères distinctifs du perroquet; ils portent imprimé le cachet de l'ordre; ils permettent en toute circonstance, même aux moins connaisseurs, de reconnaître aisément le perroquet des autres oiseaux; ensuite, les genres de cet ordre se différencient par la plus grande variété des formes pour le corps, et des couleurs pour le plumage.

Les perroquets qui peuplent la Nouvelle-Guinée, notamment, offrent, comme on l'a déjà dit, une foule de nuances et de formes diverses. L'énorme ara s'y voit auprès des perruches les plus mignonnes; le cacatois massif, au plumage blanc ou noir, y séjourne à côté des perruches élancées, aux couleurs vertes, jaunes et rouges.

C'est aussi dans la Nouvelle-Guinée que nous rencontrons les plus élégants de tous les perroquets : les loris, si remarquables par l'éclat de leur plumage; nous en connaissons maintenant une douzaine d'espèces. Au genre des loris (à queue en coin) se rattachent aussi par leur ressemblance générale avec son type, ces charmants petits psittacules qui se distinguent cependant par l'élégance de leurs formes, par un bec faible et effilé, par des rectrices étroites et aiguës, en forme de lancettes. La plupart d'entre eux ont un plumage d'un rouge magnifique; chez les autres, en moins grand nombre, c'est le vert qui domine.

Notre planche représente à côté des variétés principales de cette espèce, un oiseau qui s'en écarte un peu et qui est comme le passage aux loris verts figurés sur la planche suivante; c'est le lori Muschenbroek (fig. 8), récemment découvert.

Malheureusement, aucun de ces gracieux loris ne nous est encore parvenu vivant; on manque aussi de données certaines sur leurs mœurs à l'état libre.

Fig. 1er. Lori à croupion rouge.

(TRICHOGLOSSUS RUBRONOTATUS.)

En allemand : *Rothbürzel Lori* (même sens). — En anglais : *Red-rumped Lorikeet* (même sens).

La couleur principale est le vert; le devant de la tête, une tache sur le croupion, les côtés de la poitrine et les couvertures inférieures des ailes sont rouges; l'oreille est bleue.

Les rectrices, sauf les intermédiaires, sont vertes à la base, avec les barbes internes rouges; toutes sont jaunes à la pointe, avec une barre d'un vert noir en avant; le bec est orangé.

La femelle est complètement verte; elle a seulement les côtés de la poitrine et les couvertures inférieures des ailes jaunâtres; les joues sont striées de jaune.

Ce lori habite la Nouvelle-Guinée et quelques petites îles du voisinage.

Le lori de Mysore (*Trichoglossus Kordoanus* Meyer — *des Mysore lori*) ne se distingue du précédent que par la teinte plus claire du rouge sur le devant de la tête et le croupion, et parce que ses flancs sont jaunâtres au lieu d'être rouges. — La femelle ne diffère de celle du lori à croupion rouge qu'en ce que les stries de ses joues sont d'un vert bleu au lieu d'être jaunes. Il habite l'île Mysore.

Fig. 2. Le Lori d'Arfak.

(TRICHOGLOSSUS ARFAKI Meyer.)

En allemand : *Arfak Lori*. — En anglais : *Arfak Lorikeet*.

C'est l'espèce la plus élégante de ce groupe. Sa couleur principale est le vert; le dessus de la tête, le milieu du ventre, les flancs et les couvertures inférieures des ailes, sont rouges; les côtés de la tête sont bleus, une petite barre faite d'une tache blanche et bleuâtre court en dessous de l'œil et sous l'oreille.

Les ailes portent une tache jaune sur les barbes internes; les rectrices intermédiaires sont vertes à la base, bleuâtres foncées dans le milieu, et d'un rose pâle à la pointe; les autres sont noires dans la première partie et rouges à la pointe. Le bec est noir. La femelle a le dessus de la tête vert.

Ce petit lori habite les monts Arfak dans la Nouvelle-Guinée.

Fig. 3. Le Lori strié.

(TRICHOGLOSSUS PLACENELLUS Gray.)

En allemand : *Goldstrichel Lori* (à stries dorées). — En anglais : *Pectoral Lorikeet* (à poitrine ornée).

La couleur principale est le rouge; le dos et les ailes sont verts; le croupion est d'un vert noirâtre; la poitrine et la culotte sont striées de jaune; le derrière de la tête est d'un noir violet; le milieu du ventre est teinté de violet.

Les rectrices sont rouges à la base, avec bordure extérieure verte, jaunes à la pointe; celles intermédiaires sont complètement rouges, avec la pointe orangée. Le bec est rouge orangé; l'œil jaune.

La femelle se distingue en ce que ses culottes sont vertes, striées de jaune.

Ce lori habite la Nouvelle-Guinée et quelques-unes des petites îles voisines.

Fig. 4. Perruche Guillemette.

(Trichoglossus Wilhelminæ Meyer.)

En allemand : *Wilhelminen Lori*. — En anglais : *Wilhelmina Lorikeet*.

Vert; le vertex est d'un violet brunâtre rouge; le derrière de la tête est violet, strié de bleu; les reins sont rouges; le croupion est violet; la poitrine striée de jaune.

Les barbes internes des rémiges et des couvertures inférieures des ailes sont rouges; les rectrices intermédiaires sont vertes à la base, d'un bleu violet à la pointe; les autres sont rouges à la base, vertes à la pointe, avec une barre d'un noir violet avant l'extrémité.

Chez la femelle, les reins et les couvertures inférieures des ailes sont verts.

La perruche Guillemette habite la Nouvelle-Guinée.

Fig. 5. La Perruche Papou.

(Trichoglossus papuensis Gm.)

En allemand : *Papua Lori*. — En anglais : *Papuan Loriket*.

La couleur principale est le rouge; le dos et les ailes sont vert foncé; sur le vertex, une bande bleue bordée de noir en arrière; sur la nuque, un collier noir; le milieu du ventre et la cuisse sont d'un noir violet; les côtés de la poitrine et les flancs ont deux taches jaunes; le croupion est rouge et d'un bleu violet dans le milieu.

Les rectrices intermédiaires sont vertes avec la pointe orangée; les autres sont vertes extérieurement à la base, rouges intérieurement avec la pointe orangée; le bec et les pattes sont rouge orangé.

Ce lori est le plus gros parmi ces espèces; il habite la Nouvelle-Guinée.

Fig. 6. La Perruche Joséphine.

(Trichoglossus Josephinæ Finsch.)

En allemand : *Josephinen Lori*. — En anglais : *Josephina Loriket*.

Sa couleur principale est le rouge; le bain du dos et les ailes sont verts; une tache bleue sur le croupion; une tache violet bleu derrière la tête, enveloppée en arrière par une barre noire qui s'étend, de chaque côté, jusqu'à l'œil.

Les rectrices intermédiaires sont rouges, avec la pointe orangée, les autres sont rouges à la base; les barbes externes sont d'un vert sale, la pointe orangée. L'œil et le bec sont rouge orangé; le tour de l'œil est nu et gris.

La femelle a les reins et les cuisses jaunes au lieu de rouge.

Cette perruche habite la Nouvelle-Guinée.

Fig. 7. Perruche Marguerite.

(Trichoglossus Margarethæ Tristr.)

En allemand : *Margarethen Lori*. — En anglais : *Margaretha Loriket*.

Le rouge est la couleur principale. Le derrière de la tête est noir, collier jaune bordé de noir; ailes et derrière verts; croupion teinté de jaune d'or.

Les rectrices intermédiaires sont rouges avec la pointe orangée; les autres ont les barbes externes vertes à la base, celles internes rouges, et la pointe orangée.

Habite les îles Salomon.

Fig. 8. Perruche Muschenbroek

(Trichoglossus Muschenbroeki Schleg.)

En allemand : *Lori Muschenbroek*. — En anglais : *Muschenbroek's Loriket*.

La tête et le dessus du corps sont verts; le dessus de la tête et la nuque sont d'un jaune d'or olivâtre; ces mêmes parties ainsi que les côtés de la tête sont striés de jaune, les cuisses et le derrière sont d'un vert jaunâtre; la poitrine, le ventre et les couvertures inférieures des ailes sont rouges.

Les barbes internes des rémiges sont rouges; les rectrices, sauf les deux intermédiaires, ont les barbes internes de la même couleur; toutes sont rouge orange à la pointe; le bec est jaune orangé.

Habite la Nouvelle-Guinée.

Fig. 9. Perruche jolie.

(Trichoglossus placens Tem.)

En allemand : *Schön Lori*. — En anglais : *Beautiful Loriket*.

La couleur principale est le vert; les joues, les couvertures inférieures des ailes et les côtés de la poitrine sont rouges; la région parotique et le croupion sont bleus; les rectrices, à l'exception des intermédiaires, ont les barbes internes rouges à la base; toutes ont la pointe jaune, avec une barre noire en avant de l'extrémité; le bec est rouge orange.

Chez la femelle les joues, les couvertures inférieures des ailes et les flancs sont d'un vert jaunâtre; les oreilles sont striées de jaune.

La perruche jolie habite la Nouvelle-Guinée, les Moluques et les îles Arou.

Il est une espèce, de couleurs très analogues, habitant la Nouvelle-Guinée et les îles du duc d'York; c'est la perruche mignonne (Trichoglossus subplacens Scl.), Zart Lori (en allemand); elle se distingue seulement par la couleur jaunâtre du dessus de la tête, et par son croupion qui est vert au lieu de bleu.

Traduction du Dr Reichenow, par Faucheux.

Tab. 29.

PLANCHE XXX

Les Loris proprement dits — ou Trichoglosses.

La planche VIII de cet ouvrage a fait connaître la forme typique des loris; celle-ci montre les petites espèces de ce genre que les naturalistes partagent en deux sous genres : les Loris mellivores (Hanigaittichs) et les Loris verts (Grunloris). Les premiers se distinguent par une tournure gracieuse, des ailes un peu plus pointues et la couleur verte qui domine dans leur plumage; les derniers se reconnaissent à leurs rectrices plus élargies et un peu plus pointues, ainsi qu'à leur bec relativement plus fort.

Les perruches mellivores, qui comprennent plusieurs espèces, appartiennent à la région orientale des terres australiennes; elles habitent le continent et la terre de Van Diemen; une seule variété, la perruche diadème, a été prise en Nouvelle-Calédonie. La plus connue est la perruche à bandeau rouge (fig. 3 — nommée aussi Lori musqué à cause de son odeur caractéristique de musc); elle nous arrive de temps en temps en vie.

Quant aux Loris verts parmi lesquels on distingue huit espèces, ils habitent, au contraire, l'ouest de cette même contrée, les Célèbes, Timor, les îles Sula et la Nouvelle-Guinée. À l'exception du lori écaillé dont il a été parlé précédemment, ils n'arrivent pas sur nos marchés.

Chez tous ces loris, comme dans les espèces analogues de plus grande taille, les sexes sont à peine reconnaissables; il n'y a qu'un observateur très attentif qui puisse distinguer la femelle au ton un plus mat de son plumage.

La fig. 6 de notre planche représente encore un véritable trichoglosse; la fig. 8 montre un Coriphile (Maillori, — Coriphilus).

Fig. 1er. La Perruche de Florent.

(TRICHOGLOSSUS PORPHYREOCEPHALUS Dietr.)

En allemand : *Blaumörtel-Lori* (à vertex bleu). — En anglais : *Porphyry-crowned Loriket* (à couronne pourpre).

Le vert est la couleur principale; le haut du dos est jaune olive; la gorge et la poitrine sont bleu gris; le front et l'oreille jaune d'or, bride rouge orangé; vertex d'un bleu violet noirâtre.

Fig. 2. Perruche à face rouge

(TRICHOGLOSSUS PUSILLUS Shaw.)

En allemand : *Masken Lori* (Lori à masque). — En anglais : *Small Loriket* (Petit Lori).

Vert; la face rouge, les joues et la partie du dos entre les épaules d'un brun olivâtre.

Les rectrices, à l'exception des intermédiaires, ont les barbes internes rouges à la base, et jaunâtres à la pointe; l'œil est orangé; le bec gris noir.

Habite le sud de l'Australie, la Nouvelle-Galles du Sud et la terre de Van Diemen.

Fig. 3. Perruche à bandeau rouge.

(TRICHOGLOSSUS CONCINNUS Shaw.)

En allemand : *Moschus Lori* (Lori musqué). — En anglais : *Musky Loriket* (même sens).

La couleur principale est le vert; le devant de la tête et une bande sur l'oreille sont rouges; le dessus de la tête est bleuâtre; les joues sont brun olivâtre; les flancs sont jaunes.

Les rectrices, sauf les intermédiaires, ont les barbes internes rouges à la base et jaunâtres à la pointe; l'œil est orangé; le bec d'un gris bleu à la base, orangé à la pointe; les pattes sont d'un jaune brunâtre.

La perruche à bandeau rouge est répandue sur le sud de l'Australie, la Nouvelle-Galles du Sud et la terre de Van Diemen.

Fig. 4. Perruche versicolore.

(TRICHOGLOSSUS VERSICOLOR Vig.)

En allemand : *Werol*. — En anglais : *Variegated Loriket* (Lori varié).

Verte avec des stries jaunâtres; le dessus de la tête rouge; un collier bleu gris; le devant du cou et la poitrine d'une couleur vineuse, avec des raies jaunes.

Les rectrices sont jaunes en dessous et à la barbe interne; le bec est orangé.

Habite les îles Timor.

Fig. 5. Perruche eutèle.

(TRICHOGLOSSUS EUTELES Tem.)

En allemand : *Gelbkopf Lori* (à tête jaune). — En anglais : *Yellow-headed Loriket* (même sens).

Verte, la tête et tout le dessous du corps d'un jaune tirant sur le vert olive, tête d'un jaune plus intense, bec orangé.

Les rectrices externes ont les barbes internes jaunes; toutes sont de cette couleur en dessous.

Habite les îles Timor.

Fig. 6. — Le Lori couleur de rouille.

(Trichoglossus rubiginosus Bp.)

En allemand : *Kirschbrauner Lori* (couleur de cerise brune). — En anglais : *Rusty-coloured Lory* (rouille).

D'un brun cerise; bride noirâtre, devant du cou et poitrine barrés de noir, bec jaune orange.

Les rémiges sont noires; teintées de vert aux barbes externes; les rectrices sont jaune olive en dessus; jaune par en dessous; l'œil est orangé, les pattes noires.

Habite les îles Carolines.

Fig. 7. — La Perruche iris.

(Trichoglossus iris Temm.)

En allemand : *Iris Lori*. — En anglais : *Iris Lorikeet*.

Verte; jaunâtre en dessous; la poitrine rayée de vert; le dessus de la tête rouge; barre bleu violet derrière l'œil; nuque jaune olive.

Les rectrices externes ont les barbes internes jaunes; toutes sont jaunes en dessous; le bec est orangé.

Habite les îles Timor.

Fig. 8. — Le Coriphile solitaire.

(Coriphilus solitarius Lath.)

En allemand : *Einsiedler* (hermite). — En anglais : *Solitary Parrot* (solitaire).

Le dos, les ailes et la queue sont verts; la nuque et le croupion sont d'un vert plus clair, un collier rouge, les côtés de la tête, la gorge et la plus grande partie du dessous du corps sont de la même couleur; les cuisses, le derrière et le dessus de la tête sont seuls d'un violet noir.

Les couvertures inférieures des ailes sont rouges; les couvertures inférieures de la queue vertes; les rectrices ont une tache jaune orange sur les barbes internes; le bec et l'œil sont orangés; les pattes jaunes.

Habite les îles Fidji.

Traduction du Dr Reichenow, *par* Faucheux.

Fontainebleau — E. Bourges, imprimeur breveté.

Tab. 70.

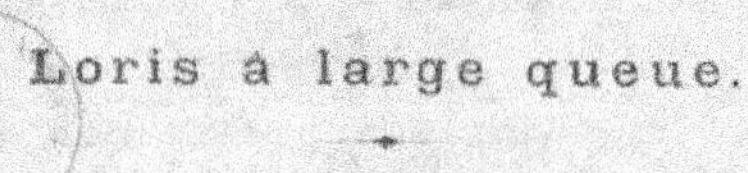

Loris à large queue.

Nous connaissons aujourd'hui vingt-trois espèces du genre Loris à large queue; elles sont répandues dans l'archipel austro-malaisien, en Nouvelle-Guinée et dans les petits groupes d'îles voisines, depuis les îles Salomon à l'est jusqu'aux Moluques à l'ouest. Ils se distinguent des Loris proprement dits (Trichoglosses), leurs proches parents, par la tournure moins gracieuse, et par la queue qui est plus courte et plus large. Elle est toujours plus courte que l'aile, et arrondie; ce n'est que par exception qu'elle est pointue comme chez les trichoglosses; les plumes sont plus larges et ne sont point terminées en pointe. On les subdivise, d'après les couleurs, en trois sous-genres. Les loris brillants (Chalcopsittacus) n'ont point de rouge, ou, du moins, cette couleur n'est pas dominante. Par contre, le rouge domine chez les loris à ailes rouges et ceux à ailes vertes (Eos et Domicella); les premiers se distinguent par les ailes rouges, très rarement noires; on reconnaît les derniers à leur plumage vert. En captivité, les loris à large queue réclament de très grands soins, compensés non seulement par la beauté de leur plumage, mais encore par la vivacité de leurs mouvements. Réunis par paires ou en grand nombre, ils se livrent aux jeux les plus bizarres, s'enlacent réciproquement, et, chose que l'on rencontre rarement chez les oiseaux, se roulent par terre comme des chiens, tour à tour vainqueur ou vaincus. Comme les autres loris, ils se nourrissent de riz cuit, de pâtée d'œufs trempée dans l'eau, d'œufs de fourmis, de carottes cuites et découpées et de fruits, principalement de baies succulentes, d'oranges et de figues. Ils s'accommodent également de graines. Quelques éleveurs, en ces derniers temps, ont rejeté le riz cuit, et recommandent d'habituer les loris aux graines exclusivement: millet, chènevis et maïs trempé.

Fig. 1re. Lori rouge et violet.

(DOMICELLA HISTRIO Müll.)

En allemand: *Brustband Lori* (lori à plastron). — En anglais: *Indian Lory* (lori de l'Inde).

Rouge; le vertex, la nuque, le haut du dos et la poitrine bleus, avec une bande de même couleur derrière les yeux; la culotte bleu noir.

Les plumes de l'épaule, le bout des rémiges, les barbes externes des rectrices et les rectrices intermédiaires sont beau noir; le bec rouge orange, les pieds noirâtres.

Habite les îles Sangir.

Fig. 2. Lori flamméché.

(DOMICELLA SCINTILLATA Temm.)

En allemand: *Schönmel Lori* (lori blanc). — En anglais: *Carmine-fronted Lory.*

Le vert domine; le dessous du corps et la nuque sont rayés de jaune éclatant; le front, la culotte et la couverture inférieure des ailes rouges; le vertex et les tempes bleu noir; les barbes internes des rectrices sont rouges à la base, jaunes à la pointe intérieure; une tache jaune pâle sur les barbes internes des rémiges; le bec et les pieds noirs, les yeux jaune orange.

Se trouve en Nouvelle-Guinée et dans les îles Aru.

Fig. 3. Lori à chaperon bleu.

(DOMICELLA REGINATA Gm.)

En allemand: *Kapuzen Lori* (lori à chaperon). — En anglais: *Cochin-china Lory.*

En général rouge; le derrière de la tête, la nuque, un large collier, le ventre et le milieu du croupion violets; les couvertures inférieures de la queue colorées de violet.

Les rémiges primaires brun noir; les barbes internes rouges à la base; les secondaires rouges à la base, noir brun à la pointe, les grandes rectrices noir brun, rouges à la base; les plumes de la queue rouge brunâtre en dessus; le bec rouge orange; les pieds noirâtres.

Habite les îles Moluques.

Une espèce qui se rapproche beaucoup de la précédente, le lori de Guebe (Domicella Wallacii Finsch), a la tête entièrement rouge; le collier violet est plus étroit et ne s'étend pas sur le derrière de la tête.

Cette espèce se trouve dans les îles Waigiou, Guebe et Batanta.

Fig. 4. Lori rouge.

(DOMICELLA RUBRA Gm.)

En allemand: *Rother Lori* (même sens). — En anglais: *Moluccan Lory* (lori des Moluques).

Rouge; les couvertures inférieures de la queue et les rectrices de l'épaule bleues, avec une ligne de même couleur de chaque côté du croupion.

Les rémiges et les rectrices de la main ont les pointes noir brun; les trois grandes rémiges ont également les barbes externes noir brun; les plumes de la queue rouge brun en dessus; le bec rouge orange; les pieds brun foncé.

Habite les Moluques.

Fig. 5. Lori à bande violette.

(DOMICELLA HYPOENOCHROA Gray.)

En allemand: *Schwartz steiss Lori* (à croupion noir). — En anglais: *Black-rumped Lory* (à croupion noir).

Le rouge est la couleur principale; la poitrine et la nuque

ront plus foncées; une bande violet foncé sur le haut du dos; vertex noir; cuisses, croupion et couvertures inférieures de la queue noir violet; ailes vertes.

Couvertures inférieures des ailes rouges; barbes internes des rémiges jaunes à la base; queue rouge à la racine, violet pâle à la pointe extérieure; bord intérieur des plumes verdâtre, bord extérieur vert d'olive jaunâtre; bec rouge orange; pieds noir brun.

Répandu dans la Nouvelle-Guinée, les îles Salomon, la Nouvelle-Hanovre, la Nouvelle-Bretagne, la Nouvelle-Espagne.

Fig. 6. Lori à joues bleues.

(DOMICELLA CYANOGENYS Bp.)

En allemand : *Blauohr Lori* (à oreilles bleues). — En anglais : *Blue-cheeked Lory* (lori à joues bleues).

Généralement rouge; avec une large bande bleue traversant les yeux et entourant les oreilles; ailes, couvertures de l'épaule et bouts des rémiges noir brun.

Les rectrices moyennes sont noir brun, les barbes externes des autres rectrices sont de la même couleur; les internes rouges; bec rouge orange; pieds noirâtres; yeux rouges.

Se trouve dans les îles Mison et Mafor.

Fig. 7. Lori à jambes bleues.

(DOMICELLA TIBIALIS Scl.)

En allemand : *Blau Schenkel Lori* (même sens). — En anglais : *Blue-legged Lory* (même sens).

Rouge; ailes vertes, culotte bleue, bandes jaunes sur le jabot; bord et couvertures intérieures des ailes bleus; bout de la queue noirâtre; dessous des rémiges jaunes; bec orange; pieds couleur de chair pâle.

La patrie de cette espèce n'est pas bien connue encore.

Fig. 8. Lori à queue verte.

(DOMICELLA CHLORONOTHA Gould.)

En allemand : *Grünrücken Lori* (même sens). — En anglais : *Green-tailed Lory* (même sens).

Rouge; ailes et bout de la queue verts; dessus de la tête noir; sur le jabot une bande jaune terminée à chaque bout par une tache noire; bord des ailes, couvertures intérieures des ailes et cuisses bleus. Barbes internes des rémiges rouge clair à la base; bec orange.

Habite les îles Salomon.

Fig. 9. Lori brun.

(DOMICELLA FUSCATA Blyth.)

En allemand : *Weissburzel Lori* (à croupion blanc). — En anglais : *White-rumped Lory*.

En général noir brun; vertex, bord des plumes de la nuque et moitié du ventre rouge orange, avec deux bandes de même couleur, l'une transversale sur la gorge, l'autre sur la poitrine; les grandes couvertures intérieures des ailes et les racines des barbes internes des rémiges sont également rouge orange; les plumes de la poitrine sont bordées de gris; le croupion est blanc.

Les rectrices sont d'un violet noir brun, jaunâtres en dessous, avec la base des barbes internes rouge orange; le bec orangé. Les parties qui sont rouge orange chez l'adulte sont jaunes chez le jeune; ce dernier à le croupion blanc jaunâtre.

Le lori brun habite la Nouvelle-Guinée et quelques-unes des petites îles voisines.

Traduction du Dr REICHENOW, *par* FAUCHEUX.

Tab. II

PLANCHE XXXII

Perroquets de l'Est et de l'Ouest.

Il faut compter, parmi nos compagnons de chambre les plus agréables, les perroquets auxquels nous arrivons à faire répéter des paroles humaines. Bien que ce soit là une qualité plus ou moins spéciale aux représentants de diverses espèces, et que l'on rencontre des parleurs même parmi les plus petits perroquets, ce sont, dans les deux hémisphères, les plus grandes espèces, à courte queue, les mieux douées pour reproduire le son de la parole. A côté du Jako, le plus docile d'entre tous, il faut citer, à juste titre, les nombreuses espèces du groupe des Amazones d'Amérique et des Cacatois d'Australie; cette réputation est rehaussée encore par l'attachement que ces oiseaux témoignent aux personnes qui les traitent avec amitié. La faculté de parler ne se rencontre certes pas au même degré chez toutes les espèces; elle diffère d'un individu à l'autre, et il est incontestable que les premières leçons du jeune âge exercent, dans la suite, la plus grande influence sur cette facilité d'imiter les sons. C'est une erreur toujours très répandue qui consiste de couper la langue aux oiseaux; et l'on ne saurait assez répéter qu'une telle opération ne peut amener que des suites fâcheuses. Les aptitudes d'un élève se reconnaissent en général à la netteté avec laquelle il reproduit séparément des sons entendus au hasard, surtout des cris d'animaux ou des sifflements. Le talent naturel consiste par conséquent dans la fidélité à saisir et à reproduire le son; la mémoire au contraire peut se cultiver par l'éducation. L'on ne saurait trop recommander de ne jamais battre un élève pour une prétendue méchanceté; ce genre de correction n'est pas applicable chez les oiseaux et ne servirait tout au plus qu'à rendre l'animal timide et méfiant. Ce n'est que par la douceur du traitement que l'on réussit à élever le perroquet.

On nourrit les grands perroquets avec du chènevis, auquel on ajoute du maïs, pour les cacatois: du riz cuit, du pain blanc trempé dans l'eau ou dans le café, des fruits, et de temps à autre de la chaux et du bois qu'ils s'amusent à ronger. Certains individus ne sauraient se passer d'eau pour se baigner; d'autres au contraire n'en veulent point. Faut-il, dans ce dernier cas, recommander indifféremment de les arroser d'une pluie très fine d'eau tiède? C'est là une question non résolue encore, pas plus que les véritables soins à donner à la peau du corps humain.

Fig. 1re. Amazone à queue rouge.

(ANDROGLOSSA XANTHOPSIS Kuhl).

En allemand : *Rothschwanz Amazone* (même sens). En anglais : *Red-tailed Amazone* (même sens).

Vert ; front vermillon ; vertex jaune orangé ; tempes bleu violet.

Bord des ailes rouge ; rectrices rouges à la base, jaunâtres à la pointe, bec brun de corne.

La patrie de cette espèce est encore inconnue.

Fig. 2. Cacatois des Philippines.

(PLISSOLOPHUS PHILIPPINARUM Gm.)

En allemand : *Rothsteisskakadu* (à croupion rouge). En anglais : *Red-vented Cockatoo* (à ventre rouge).

Blanc ; couvertures inférieures de la queue rouge clair ; joues colorées de rose pâle ; partie inférieure des plumes de la huppe jaune rougeâtre.

Les barbes internes des rémiges et des rectrices sont teintées de jaune de soufre, le bec est gris de plomb, jaunâtre à la pointe, le tour des yeux, dénudé, est blanc.

Habite les Philippines.

Fig. 3. Cacatois à front rouge.

(PLISSOLOPHUS SANGUINEUS Gould).

En allemand : *Rothwangkakadu* (à bride rouge). En anglais : *Blood-stained Cockatoo* (à tache rouge).

Blanc ; brides rouge clair ; parfois une étroite bande de même couleur sur le front ; plumes de la huppe, de la tête et de la gorge rose clair à la base.

Les barbes internes des rémiges et des rectrices sont teintées de jaune de soufre, le bec est blanchâtre ; le tour des yeux, dénudé, est blanc.

Se trouve en Australie.

Le cacatois de Goffin (*P. Goffini Finsch*) que l'on rencontre au nord-est de l'Australie, se distingue du précédent par la taille, qui est plus petite, et par la couleur toujours blanche des brides et du front ; il a, en outre, le tour des yeux d'un blanc bleuâtre et les plumes de la huppe sont teintées en dessous de jaune de soufre pâle. Une troisième espèce très voisine, des îles Salomon, facile, sûr, le Finsch (*P. Ducorpsi Hombr. et Jacq.*), a les plumes de la tête et de la gorge jaunes à la base et pour reste ; le dessus des plumes de la huppe jaune de soufre prononcé ; pour le reste, il est semblable au cacatois de Goffin.

Fig. 4. Cacatois à yeux nus.

(PLISSOLOPHUS GYMNOPIS Sel.)

En allemand : *Nacktaugenkakadu* (même sens). En anglais : *Bare eyed Cockatoo* (même sens).

Blanc ; tache sur le front et brides rouge clair, les plumes de la tête, de la nuque et du ventre sont rose pâle à la base ; le tour des yeux, largement dénudé, est bleu gris.

Les barbes internes des rémiges et des rectrices sont teintés de jaune de soufre ainsi que le tour des oreilles; le bec gris de plomb clair.

Sud de l'Australie.

Fig. 5. Cacatois à lunettes.

(PLISSOLOPHUS OPHTHALMICUS Scl.)

En allemand : *Brillenkakadu* (même sens). En anglais : *Blue eyed Cockatoo* (à yeux bleus).

Blanc; les plus longues plumes de la huppe sont jaune de soufre, tour des yeux, nu, d'un beau bleu; bec noir.

Les barbes internes des rémiges et des rectrices sont teintées de jaune de soufre.

En Nouvelle-Bretagne.

Fig. 6. Perroquet militaire.

(ANDROGLOSSA MERCENARIA Tschudi).

En allemand : *Soldaten Amazone* (même sens). En anglais : *Mercenary Parrot* (perroquet mercenaire).

Vert; bord des plumes du dessus de la tête et de la nuque noir; bord des ailes jaune; le miroir, très petit, est rouge.

Rectrices jaunâtres à la pointe, avec une tache rouge sur les barbes internes; les barbes internes des rectrices externes sont entièrement rouges, les extrêmes avec bordure bleuâtre à l'extérieur.

Se trouve au Pérou, à l'Equateur, en Nouvelle-Grenade.

Fig. 7. Perroquet Auguste.

(ANDROGLOSSA AUGUSTA Tig.)

En allemand : *Kaiser Amazone* (impérial). En anglais : *August Amazone* (l'Auguste).

Vert en dessus; haut de la tête bleuâtre foncé; joues et côtés de dessous violet rougeâtre.

Bord des ailes et miroir rouges; plumes de la queue brun rougeâtre foncé avec pointe couleur vineuse; vert en dessous; bec jaune brun.

Habite l'île Dominique.

Fig. 8. Amazone de Bodinus.

(ANDROGLOSSA Bodini Finsch.)

En allemand : *Rothstirn Amazone* (à front rouge). En anglais : *Bodinus' Amazone* (de Bodinus).

Le coloris de la tête étant manqué dans la figure de la planche I, nous en donnons ici une nouvelle faite d'après un bel exemplaire vivant. Nous faisons encore observer que cette amazone, la deuxième espèce qui se distingue par le croupion rouge, diffère de l'amazone à barbe bleue par le rouge du front qui est plus clair, mais s'étend davantage sur le vertex; les joues sont bleuâtres et non vertes comme chez cette dernière; le bec noirâtre; la bride est marquée d'une bande noire.

On le croit originaire du Venezuela.

Fig. 9. Perroquet de Cayenne.

(ANDROGLOSSA OCHROCEPHALA Gm.)

En allemand : *Gelbscheitel Amazone* (à vertex jaune). En anglais : *Yellow-fronted Amazone* (amazone à front jaune).

Vert; jaunâtre en dessous; les plumes ont une étroite bordure noirâtre; devant de la tête jaune; petites couvertures et miroir rouges.

Plumes de la queue jaunâtres à la pointe, avec les barbes internes rouges à la base; le bec a le bout noirâtre, la base est couleur de chair.

Habite la Guinée, Venezuela et Surinam.

Il existe une espèce très voisine, originaire de Panama et de Veragua, l'amazone de Panama (*Androglossa panamensis* Cab.) qui diffère par le bec jaune, le vertex bleuâtre et par l'absence de la bordure noirâtre des plumes.

Traduction du Dr Reichenow, par Fauconnet.

Tab. VI.

Perroquets.

Feuille complémentaire.

Maintenant que nous sommes arrivés au terme de nos descriptions, jetons un coup d'œil rétrospectif sur le monde des perroquets répandus sur le globe. En chiffre rond, nous en connaissons actuellement 450 espèces. (Le nombre de 400, donné sur notre première planche, répondait au chiffre connu à cette époque; il en a été découvert depuis 90 espèces nouvelles, tandis que les 30 autres ont été retirées, après un examen plus minutieux, d'espèces existant déjà.) Il est impossible, pour l'instant, de fixer un chiffre exact, à cause de l'incertitude de certains caractères reconnus jusqu'alors sur des sujets isolés.

Les perroquets sont répandus dans les régions tropicales de toutes les parties du monde à l'exception de l'Europe qui n'en possède aucune espèce. La zone torride est donc, à proprement parler, la patrie des perroquets; il s'en rencontre pourtant de nombreuses espèces au delà des tropiques, principalement au Sud. Dans l'Amérique du Nord, le perroquet de Caroline se rencontre jusque sous le 40e degré latitude nord; en Asie, le perroquet de Chine (*Palaeornis derbyanus*) s'étend presque aussi loin. Dans l'Amérique du Sud on rencontre des trichoglosses jusque dans les districts déserts de Patagonie, le long du détroit de Magellan; tandis que sur l'hémisphère oriental on trouve une espèce de la famille des platycerques dans les îles Macquarie situées sous le 55e degré latitude sud. Conformément à la grande extension de l'ordre sur les différentes parties du globe, la présence des familles isolées est restreinte à quelques régions, de sorte que l'apparition des membres de certaines familles ou même de certains genres ont une signification caractéristique pour quelques pays. La famille des perroquets de nuit nous paraît être la plus ancienne en même temps que la plus petite forme de l'ordre; elle se divise en quatre espèces qui sont répandues dans la Nouvelle-Zélande et dans le sud de l'Australie. A ceux-ci se rattachent d'une part les cacatois, de l'autre les platycerques. Ces deux familles sont confinées dans la région australienne, qui comprend l'Australie, la Nouvelle-Zélande, la Polynésie, la Nouvelle-Guinée et l'archipel malaisien, elle est bornée à l'ouest par les Philippines, les Célèbes et Sumbava. Cette limite à l'ouest n'est franchie ni par les cacatois, ni par les platycerques; aucune de ces espèces ne s'étend sur les îles voisines de la Sonde, Bornéo, Java, Sumatra, qui appartiennent à la région orientale; tandis qu'au contraire, toutes les parties de ces contrées ont à produire des représentants de ces familles. Les platycerques forment le point de départ des quatre autres familles de perroquets répandus sur tout le globe. Les mêmes nous conduisent à un petit groupe aux formes naines, qui n'ont qu'une extension locale, les perroquets nains de la Nouvelle-Guinée et de quelques îles voisines: le *Psittacella* de Brehm, de la fig. 2 de notre planche, semble être le passage entre ces deux espèces.

Comme un autre degré de développement des platycerques, il faut considérer les loris qui se rattachent aux perruches de Latham. Celles-ci appartiennent également à la région australienne; mais on trouve fréquemment des rejetons de la famille, quelques espèces des perroquets chauves souris, qui franchissent les limites de l'ouest et se répandent sur la contrée orientale. Parmi ces derniers, la famille des perroquets nobles est caractéristique; elle représente la troisième division des platycerques et se rapproche le plus des perroquets brillants (*Polytelis*). A la vérité, quelques espèces isolées des perroquets nobles appartiennent encore en totalité ou en partie à l'ouest de l'Australie, à la Nouvelle-Guinée et à l'archipel malaisien; le grand nombre, et les espèces typiques habitent l'archipel de la Sonde et l'Inde et s'étendent sur les Mascarènes, prouvant simultanément que par ces dernières ils se rattachent à l'Inde. Nous trouvons des rejetons de cette famille dans les inséparables, en Afrique.

En quatrième lieu enfin, les platycerques ont donné naissance, par les gros-becs (*Pyrrhulopsis*) qui paraissent être l'espèce la plus voisine, au petit groupe des perroquets gris, qui n'ont plus de représentants en Australie ni en Asie et sont propres à Madagascar et aux Mascareignes, d'où les perroquets gris à courte queue viennent se fixer en Afrique. Il résulte donc que les perroquets se sont répandus de l'Est à l'Ouest sur l'hémisphère oriental. Mais aussi les espèces du Nouveau Monde se rattachent aux espèces typiques de l'Australie, et sont à considérer comme les descendants de ces dernières. La Nouvelle-Guinée possède un cacatois noir qui représente si clairement le passage des cacatois aux araras d'Amérique que c'est avec raison qu'on l'a surnommé arara cacatois (voir pl. XII, fig. 5). D'autres espèces, connues aujourd'hui, complètent la série intermédiaire entre les cacatois et les araras; ces derniers, à leur tour, sont à considérer comme la source des perroquets du nouveau monde. A ceux-ci se rattachent les autres trichoglosses, parmi lesquels la famille des perroquets à courte queue représente le plus grand développement. Il est bien étonnant de rencontrer quelques représentants de ce dernier; ce fait pourtant se produit également chez d'autres espèces d'oiseaux.

Fig. 1. Perroquet de Saint-Domingue.

(Androglossa vittata Bodd).

En allemand : *Portorico-Amazone* (perroquet de Portorico); En anglais : *Red-fronted Amazone* (à front rouge).

Vert, avec bord des plumes noir; étroite bande du front rouge; bec jaunâtre; barbes internes des rectrices rouges à la base, avec bordure jaune d'or; barbes externes des extrémités bleues; les ailerons et les couvertures bleu clair, ainsi que les barbes externes des rémiges; cercle de l'œil blanchâtre.

Habite l'île de Portorico.

Fig. 2. Perroquet de Brehm.

(Psittacella Brehmi).

En allemand : *Grosser Bindensittich.* En anglais : *Brehm's Parrot.*

La tête brun olive; bande jaune sur la gorge; le corps, les ailes et la queue sont verts; le dessus du corps avec bandes transversales noires; le bord des ailes bleu clair, les couvertures inférieures des rectrices sont rouges.

Bec gris de plomb, blanchâtre à la pointe. La femelle est un peu plus pâle; il lui manque la bande jaune de la gorge; la poitrine est jaunâtre avec bandes transversales noires.

Cette espèce habite les monts de l'Arfak et la Nouvelle-Guinée.

Le petit perroquet modeste (Psittacella modesta Rosenb.) originaire des mêmes contrées, atteint à peine la moitié de la taille du précédent; il n'a pas la bande jaune du cou; le dessus uniformément vert, la poitrine couleur d'olive sale; les couvertures inférieures des rémiges sont rouges; chez la femelle, la poitrine est marquée de bandes transversales rouges bordées de jaune et d'autres brun noir; le reste du corps est jaune verdâtre en dessous avec bandes transversales brunâtre foncé.

Fig. 3. Amazone à ventre jaune

(Androglossa xanthops Spix).

En allemand : *Goldbauch Amazone* (même sens). En anglais : *Yellow-fronted Parrot.*

Le vert est la couleur dominante; tête jaune; large tache du ventre jaune éclatant, rouge sur les côtés; rectrices rouge clair à la base; bec jaunâtre.

Originaire du Brésil.

Fig. 4. Lori Cardinal.

(Eos cardinalis Homb. et Jacq.)

En allemand : *Kardinallori* (même sens). En anglais : *Cardinal Lory.*

Rouge brunâtre; la tête, le cou et les bas côtés aux couleurs plus claires et plus fines; bec orange, noirâtre à la base.

Se trouve dans les îles Salomon et Ducke of York.

Fig. 5. Perruche Aztec.

(Conurus frontalis Natt.)

En allemand : *Goldnase* (nez d'or). En anglais : *Aztec Parakeet.*

Vert; gorge et tête brunâtres; dessous du corps vert jaunâtre; plumes des narines jaune d'or.

Barbes externes des rémiges bleuâtres à la pointe; dessous des rémiges et grandes couvertures noirs; rectrices jaunâtres en dessous; bec brun corné.

Originaire de l'Amérique centrale.

Il existe une espèce très voisine, le perroquet de la Jamaïque (Conurus nanus Vig.) qui a la gorge, la tête, la poitrine et le milieu du ventre brun d'olive; le bec est blanchâtre et n'a pas les plumes jaunes autour des narines.

Cette dernière espèce habite l'île de la Jamaïque.

Fig. 6. Perroquet de Prêtre.

(Androglossa pretrii).

En allemand : *Pracht-Amazone* (perroquet magnifique). En anglais : *Pretre's Amazone.*

Vert avec bordures noires; devant de la tête, tour des yeux, petites couvertures, bord des ailes et grandes couvertures rouges.

Bec et pieds jaunâtres; bout de la queue vert jaunâtre; pointe extérieure des rémiges bleus.

Habite le sud du Brésil et Uruguay.

Fig. 7. Perroquet nain.

(Psittacus brachyurus).

En allemand : *Kurzschwanz Papagei* (à courte queue). En anglais : *Short-tailed Parrot.*

Vert, rémiges primaires et leurs couvertures bordées de jaunâtre; rectrices rouge clair à la base, tache brun cerise sur l'épaule.

Bec jaune brunâtre, plus foncé au bout.

Se trouve au nord du Brésil et à l'Équateur.

Fig. 8. Perruche élégante.

(Euphema elegans Gould).

En allemand : *Schmucksittich* (même sens). En anglais : *Elegant grass-Parrakeet.*

Vert olive, dessous du corps jaunâtre, milieu du ventre orange; bride jaune; bande bleu foncé sur le front et ligne des sourcils de même couleur, avec bordure bleu clair en arrière; les premières couvertures de la main (qui se trouvent au bord) bleu foncé, les dernières bleu clair; les rémiges et grandes couvertures bleu noir, les premières bordées de bleu clair à l'extérieur; les quatre rectrices du milieu sont gris bleu, les autres jaune pâle, bleues à la base.

Le bec et les pieds sont brun noir. La femelle n'a pas la tache jaune orange sur le milieu du ventre; le bandeau bleu du front est plus étroit.

Habite le sud et l'ouest de l'Australie, ainsi que le pays de Van Diemen.

Fig. 9. Perruche pétrophile.

(Geopsittacus petrophilus Gould).

En allemand : *Klippensittich* (perruche des rochers). En anglais : *Rock Parrakeet.*

Couleur d'olive, ventre et croupion jaunâtres, milieu du ventre orange; bride et tour des yeux bleu clair; bandeau et bord des ailes bleu foncé; rémiges noires avec barbes externes bleu verdâtre; rectrices médianes bleu vert clair, les autres jaunes, avec la base noir brun à l'intérieur, verte à l'extérieur.

Bec noirâtre tirant sur le rouge brun; mandibule inférieure jaunâtre.

Sa patrie est le sud de l'Australie.

Traduction du Dr Reichenow, par Faivreux.